"十三五"职业教育国家规划教材

全国职业院校装备制造类示范专业点系列教材

U0655514

UG NX 6.0 数控加工入门教程

主　编　陈　巍
副主编　卢　红
参　编　金健明　陈　彬　盛　萱
　　　　郏豪杰　范文俊　李东东
　　　　沈丽华　韩劫芸　李　聪
　　　　陆　蓉
主　审　潘品方

机械工业出版社

本书是根据"以就业为导向，以培养能力为本"的职业教育理念和方针，结合《上海市教育委员会关于推进上海市中等职业教育专业布局和结构调整优化工作的实施意见》，根据实际工作情况，总结多年学习和教学经验编写而成的。

本书以项目为主导，以任务为载体，对 UG NX 软件数控加工模块中典型的加工类型进行了介绍。在介绍相关知识内容后，以浅显易懂的加工范例进行演示操练，并根据需要，设置了"想一想"、"练一练"等环节，遵循循序渐进、由简入难的学习规律，让读者在对相关知识进行巩固的同时，提高实际动手能力。

本书仅对目前已经非常成熟的 UG NX 6.0 版本进行了介绍，对于高级别版本的 UG NX 软件，读者可以以本书为基础展开学习。本书可作为中等职业学校模具设计与制造、机械加工及数控技术相关专业的教学用书，也可作为相关从业人员的岗位培训用书。

为方便教学，本书配有电子课件等教学资源，选择本书作为教材的教师可来电（010-88379195）索取，或登录 www.cmpedu.com 网站注册、免费下载。

图书在版编目（CIP）数据

UG NX 6.0 数控加工入门教程/陈巍主编. —北京：机械工业出版社，2018.9（2025.1重印）

全国职业院校装备制造类示范专业点系列教材

ISBN 978-7-111-60485-3

Ⅰ.①U… Ⅱ.①陈… Ⅲ.①数控机床-加工-计算机辅助设计-应用软件-高等职业教育-教材 Ⅳ.①TG659-39

中国版本图书馆 CIP 数据核字（2018）第 179957 号

机械工业出版社（北京市百万庄大街22号 邮政编码100037）
策划编辑：赵红梅 责任编辑：赵红梅 武 晋
责任校对：王 延 封面设计：路恩中
责任印制：郜 敏
北京富资园科技发展有限公司印刷
2025 年 1 月第 1 版第 5 次印刷
184mm×260mm·13 印张·314 千字
标准书号：ISBN 978-7-111-60485-3
定价：39.80 元

电话服务

客服电话：010-88361066
          010-88379833
          010-68326294

封底无防伪标均为盗版

网络服务

机 工 官 网：www.cmpbook.com
机 工 官 博：weibo.com/cmp1952
金 书 网：www.golden-book.com
机工教育服务网：www.cmpedu.com

关于"十三五"职业教育国家规划教材的出版说明

2019 年 10 月，教育部职业教育与成人教育司颁布了《关于组织开展"十三五"职业教育国家规划教材建设工作的通知》（教职成司函〔2019〕94 号），正式启动"十三五"职业教育国家规划教材遴选、建设工作。我社按照通知要求，积极认真组织相关申报工作，对照申报原则和条件，组织专门力量对教材的思想性、科学性、适宜性进行全面审核把关，遴选了一批突出职业教育特色、反映新技术发展、满足行业需求的教材进行申报。经单位申报、形式审查、专家评审、面向社会公示等严格程序，2020 年 12 月教育部办公厅正式公布了"十三五"职业教育国家规划教材（以下简称"十三五"国规教材）书目，同时要求各教材编写单位、主编和出版单位要注重吸收产业升级和行业发展的新知识、新技术、新工艺、新方法，对入选的"十三五"国规教材内容进行每年动态更新完善，并不断丰富相应数字化教学资源，提供优质服务。

经过严格的遴选程序，机械工业出版社共有 227 种教材获评为"十三五"国规教材。按照教育部相关要求，机械工业出版社将认真以习近平新时代中国特色社会主义思想为指导，积极贯彻党中央、国务院关于加强和改进新形势下大中小学教材建设的意见，严格落实《国家职业教育改革实施方案》《职业院校教材管理办法》的具体要求，秉承机械工业出版社传播工业技术、工匠技能、工业文化的使命担当，配备业务水平过硬的编审力量，加强与编写团队的沟通，持续加强"十三五"国规教材的建设工作，扎实推进习近平新时代中国特色社会主义思想进课程教材，全面落实立德树人根本任务；突显职业教育类型特征；遵循技术技能人才成长规律和学生身心发展规律；落实根据行业发展和教学需求，及时对教材内容进行更新；同时充分发挥信息技术的作用，不断丰富完善数字化教学资源，不断提升教材质量，确保优质教材进课堂；通过线上线下多种方式组织教师培训，为广大专业教师提供教材及教学资源的使用方法培训及交流平台。

教材建设需要各方面的共同努力，也欢迎相关使用院校的师生反馈教材使用意见和建议，我们将认真组织力量进行研究，在后续重印及再版时吸收改进，联系电话：010-88379375，联系邮箱：cmpgaozhi@ sina. com。

机械工业出版社

前　言

随着制造业的发展,我国逐步成为世界制造中心,越来越多的企业开始运用数控加工技术来增强产品竞争力,对数控编程和数控加工技术人才的需求也越来越迫切。因此,作为职业学校的学生,掌握一款好的数控加工软件是非常有必要的。UG NX 软件是现代信息技术与传统机械制造技术相结合的一个典型范例,是先进技术的重要组成部分。运用这项技术,可以大大缩短企业产品开发周期,改善产品质量,提高产品的市场竞争力。

本书编写目的

(1) 将项目教学理念融入 CAD/CAM 教学中,让学生体会"做中学,学中做"的学习乐趣。

(2) 为学生自主学习和课堂教学提供详细、易懂的参考书和教材,培养学生自主学习的习惯和能力。

(3) 以详细、生动的实例调动学生的主观能动性,促使学生形成学习共同体,进行深入的学习,培养学生团队意识和互助精神。

本书内容导读

本书共七个项目,各项目主要内容如下:

项目一　UG NX 6.0 数控加工基础知识　主要介绍 UG NX 6.0 加工概述、加工类型、加工术语及其他功能、加工基本流程,以及加工环境初始化、工作界面(包括相关菜单、工具条和操作导航器等)。

项目二　UG NX 6.0 数控加工基本操作　主要介绍程序组、刀具组、几何体、加工方法和操作的创建,刀具轨迹的生成、操作的后处理和车间文档的生成等。

项目三　平面铣削加工　主要介绍平面铣削加工操作的类型及应用,平面铣削加工几何体、刀轨设置等参数选项的设置,平面铣削加工操作创建流程等。

项目四　型腔铣削加工　主要介绍型腔铣削加工操作的类型及应用,型腔铣削加工几何体、刀轨设置等参数选项的设置,型腔铣削加工操作创建流程等。

项目五　等高曲面轮廓铣削加工　主要介绍等高曲面轮廓铣削加工操作的类型及应用,等高曲面轮廓铣削加工参数选项的设置,创建等高曲面轮廓铣削加工操作的基本流程等。

项目六　点位加工　主要介绍点位加工操作几何体的指定方法、循环类型、投影矢量设置,创建点位加工操作的基本流程等。

项目七　车削加工　主要介绍车削加工操作几何体的创建方法,车削粗加工的创建方法,车削精加工的创建方法,零件车削加工的基本流程等。

建议本书的教学总学时为 80 学时,各项目及任务的参考学时分配如下:

项　目	任　务	学　时	项　目	任　务	学　时
项目一	任务一	2	项目五	任务一	4
	任务二	2		任务二	6
项目二	任务一	2	项目六	任务一	4
	任务二	4		任务二	6
项目三	任务一	8	项目七	任务一	6
	任务二	8		任务二	8
项目四	任务一	6	机动	6	
	任务二	8			
合计			80		

本书主要特点

为深入贯彻全国职业教育大会精神，落实《国家职业教育改革实施方案》，对本书内容及时进行了更新、完善。

（1）以任务驱动形式编排内容，基础任务包括任务目标、知识链接和想一想三部分，范例任务包括任务目标、范例操作步骤和练一练三部分。

（2）内容编排符合学生的认知兴趣及认知规律，突出实用性和可操作性。

（3）任务活动思路清晰，重点突出。

（4）图文并茂，内容详实，实例丰富，涉及面广。

（5）依托课后"练一练"，形成互助小组，团体合作完成项目作业，培养学生团队意识和互助精神。

（6）项目设计贴合真实项目化加工任务，培养学生敢于质疑、敢于发现问题、敢于用新思维解决问题的创新精神。

（7）项目任务由简入难、逐层深入，提升学生的思维严密性，培养学生解决问题的能力，建立克服困难的自信心。

（8）课程设计一纵一横一联通，保证了课程内容的职业性、技能性，以及知识体系构建的完善，提升了学习任务的挑战性和创新性。

本书读者对象

本书主要是针对中等职业学校数控技术应用、模具设计与制造及机械加工技术等专业编写的。由于本课程是建立在学生掌握机械制图、数控编程等专业课程基础上的，因此对于三年制的中等职业学校，建议开设时间在第二学年的第二学期及第三学年的第一学期。如有需要，本书亦可作为企业员工的培训教材。

本书由上海市大众工业学校陈巍担任主编，并对全书进行统稿和校对，由上海市大众工业学校卢红担任副主编，同时还邀请企业骨干参与指导。项目一～项目四由陈巍、卢红编写，项目五、项目六由金健明、陈彬、盛萱、郏豪杰、范文俊编写，项目七由李东东、沈丽华、韩劼芸、李聪、陆蓉编写。本书由上海市机械加工中心组成员潘品方担任主审。

由于编者水平有限，书中难免有缺漏或不妥之处，敬请读者批评、指正。

编　者

目 录

UG NX 6.0 数控加工基础知识

任务一　UG NX 6.0 基础

任务目标

(1) 能简单概述 UG NX 6.0 的主要功能和主要加工类型。

(2) 在学习过程中拓展学生的专业视野，培养学生的总结能力。

(3) 能解释 UG NX 6.0 常用加工术语的含义，借此加深学生对软件的学习印象。

(4) 能列举 UG NX 6.0 加工的其他功能。

(5) 能概述 UG NX 6.0 的基本加工流程。

知识链接

1. UG NX 6.0 加工概述

UG NX 是当今世界上的高端 CAD/CAM 软件，由诸多功能集合而成。UG CAD 模块是 UG 软件的计算机辅助设计模块，UG CAM 模块是 UG 软件的计算机辅助制造模块，二者紧密结合在一起。一方面，UG CAM 模块的功能强大，可以实现对复杂零件和特殊零件的加工；另一方面，对用户而言，UG CAM 模块又是一个易于使用的加工编程工具。因此，UG CAM 模块是相关企业和工程师的首选，特别是以 UG CAD 模块为设计工具的企业，更是把 UG CAM 模块作为最佳的编程工具。

基于 UG CAM 模块与 UG CAD 模块之间紧密的集成，UG CAM 模块可以直接利用 UG CAD 模块创建的模型进行加工编程。UG CAM 模块生成的 CAM 数据与模型有关，如果模型被修改，CAM 数据会自动更新，以适应模型的变化，免去了重新编程的工作，大大提高了工作效率。

总之，UG CAM 模块可以提供全面的、易于使用的功能，以解决数控加工刀具轨迹（也称"刀轨"）的生成、仿真和可视化验证等问题。

2. UG NX 6.0 加工类型

UG NX 6.0 加工类型可分为数控铣削加工、数控车削加工、数控点位加工、数控多轴加工等，见表 1-1-1。UG NX 6.0 提供了强大的编程功能。因此，在实际使用过程中，要根据零件的类型和结构特点选择合适的加工类型。选择时，要注意结合实际机床条件，以及工件的加工工艺要求，做到有的放矢、切合实际，从而在最大程度上替代人工编程的劳动，大大提高工作效率。

（1）数控铣削加工　数控铣削加工有多种加工类型。根据加工表面形状可分为平面铣和轮廓铣；根据加工过程中机床主轴轴线方向相对于工件是否可以改变，分为固定轴铣和变轴铣。固定轴铣又分成平面铣、型腔铣和固定轮廓铣等。变轴铣可分为可变轮廓铣和顺序铣等。

表　1-1-1

加　工　类　型	示　意　图	加工类型细分
数控铣削加工		平面铣
		型腔铣
		固定轮廓铣 可变轮廓铣
		顺序铣

（续）

加 工 类 型	示　意　图	加工类型细分
数控车削加工	XM ZM　ZM	外圆粗加工 外圆精加工
数控点位加工	ZM YM XM	钻孔加工
数控多轴加工	XM YM	变轴铣

1）平面铣。平面铣用于平面轮廓或平面区域的粗、精加工，刀具平行于工件底面进行多层切削，分层面与刀轴垂直，被加工部件的侧壁与分层面垂直。平面铣加工区域根据边界定义，切除各边界投影到底面之间的材料，但不能加工底面以及侧壁上与刀轴不垂直的部位。

2）型腔铣。型腔铣用于粗加工型腔轮廓或区域。根据型腔形状，将切除部位在深度方向上分成多个切削层进行切削，每层切削深度可以不相同。切削时刀轴与切削层平面垂直。型腔铣可用边界、平面、曲线和实体定义要切除的材料（底面可以是曲面），可以加工侧壁以及底面上与刀轴不垂直的部位。

3）固定轮廓铣。固定轮廓铣用于曲面的半精加工和精加工。该方法将空间上的几何轮廓投影到零件表面上，驱动刀具以固定轴形式加工曲面轮廓，具有多种切削形式和进退刀控制方式，可用于螺旋线切削、射线切削和清根切削。

4）可变轮廓铣。可变轮廓铣与固定轮廓铣方法基本相同，只是加工过程中刀轴可以摆动，可满足特殊部位的加工需要。

5）顺序铣。顺序铣用于连续加工一系列相接表面，并对面与面之间的交线进行清根加工，一般用于零件的精加工，可保证相接表面光顺过渡，是一种空间曲线加工方法。

（2）数控车削加工　数控车削加工可以面向二维部件轮廓或者完整的三维实体模型编程，用来加工轴类和回转体零件，包括粗车、精车、钻孔、攻螺纹、镗孔等。

(3) 数控孔加工　数控孔加工可分为点位加工和基于特征的孔加工两种。点位加工用来创建钻孔、扩孔、镗孔和攻螺纹等刀具路径。基于特征的孔加工通过自动判断孔的设计特征信息，自动对孔进行选取和加工。

(4) 数控多轴加工　数控多轴加工能同时控制 4 个以上坐标轴的联动，将数控铣、数控镗、数控钻等功能组合在一起，在一次装夹工件后，可以对加工面进行铣、镗、钻等多工序加工，有效地避免了由于多次装夹造成的定位误差，缩短生产周期，提高加工精度。

3. UG NX 6.0 加工术语及其他功能

(1) 程序　程序用于组织和排列各加工操作在加工编程中的次序。合理地将各加工操作组成一个程序组，可以在一次后置处理中按选择程序组的顺序输出多个加工操作。

(2) 几何体　几何体包括零件几何体与毛坯几何体。零件几何体是指加工中需要保留的那部分材料，即加工后的零件或半成品。毛坯几何体是用于加工零件的原材料。创建几何体可以在零件上定义要加工的几何对象和指定零件在机床上的加工方位，包括定义加工坐标系、工件、边界和切削区域等。

(3) 操作　操作是指定义刀具路径中包含的所有信息过程，包括几何体的创建，刀具、加工余量、进给量、切削深度和进退刀方式的选择等。

(4) 后置处理　后置处理是将 UG CAM 生成的刀具路径转化成指定数控系统可以识别的数据格式的过程，处理结果就是生成可用于数控加工的 NC（Numerical Control）程序。

(5) 车间文档　车间文档是指包含零件材料、加工参数、控制参数、加工顺序、机床控制事件、后处理命令、刀具参数和刀具路径等信息的车间工艺文件。

(6) 加工坐标系　加工坐标系是所有刀具路径输出点的基准位置。

(7) 刀具路径　刀具路径是由操作生成的刀具运动轨迹，包括加工选定的几何体的刀具位置、进给量、切削速度和后置处理命令等信息。

4. UG NX 6.0 加工基本流程（图 1-1-1）

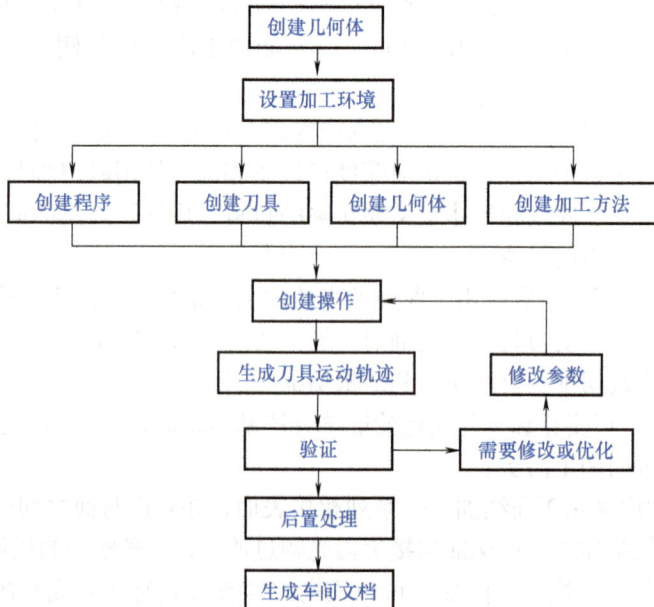

图　**1-1-1**

想一想

（1）UG NX 6.0 有哪些加工功能?

（2）UG NX 6.0 有哪些加工类型?

（3）试讲述 UG NX 6.0 几何体的作用。

（4）试讲述 UG NX 6.0 加工基本流程。

任务二　UG NX 6.0 加工环境

任务目标

（1）了解 UG NX 6.0 加工环境的初始化，培养学生的探究能力。

（2）认识和了解 UG NX 6.0 加工环境的工作界面。

（3）掌握 UG NX 6.0 加工环境的相关菜单及功能，培养学生的逻辑思维能力。

（4）了解 UG NX 6.0 加工工具条的种类及功能。

（5）能概述 UG NX 6.0 加工操作导航器的类型。

知识链接

1. 加工环境初始化

建模环境下单击【开始】图标 🔵 开始·，选择【加工】，打开【加工环境】对话框（图 1-2-1），根据零件加工类型选择适当的加工模块，单击【确定】按钮，进入工作界面。

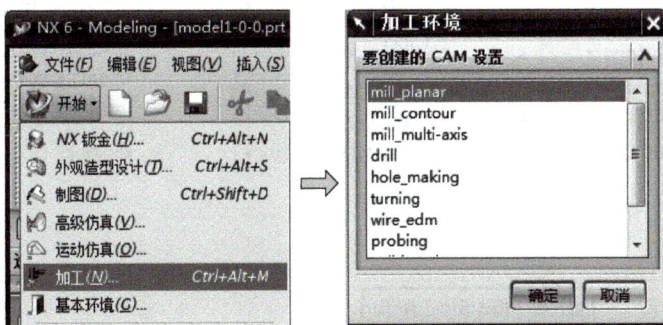

图　1-2-1

2. 工作界面

初始化后，工作界面上增加了【操作导航器】及【插入】、【操作】和【视图】等工具条，如图 1-2-2 所示。

操作导航器是加工模块的入口位置，是用户进行交互编程操作的图形界面。【插入】工具条包括【创建操作】、【创建程序】、【创建刀具】、【创建几何体】和【创建加工方法】等功能选项，是进行数控加工编程的基础。

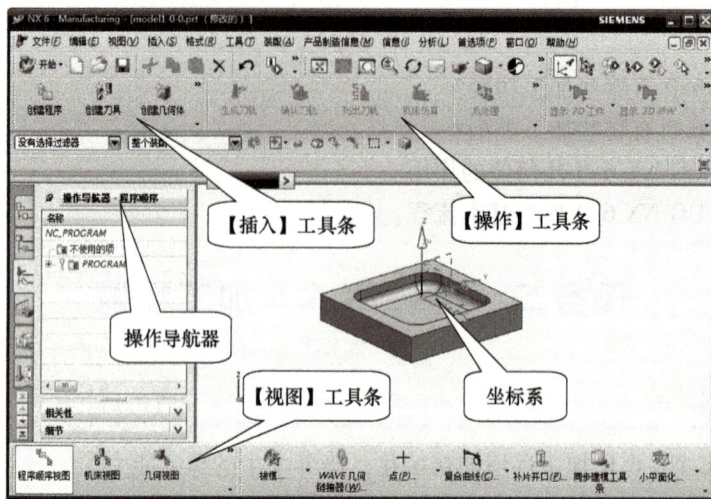

图 1-2-2

（1）**相关菜单**　相关菜单包括【工具】（图 1-2-3）和【插入】（图 1-2-4）等菜单，包含用来创建操作、程序和刀具的相关指令。

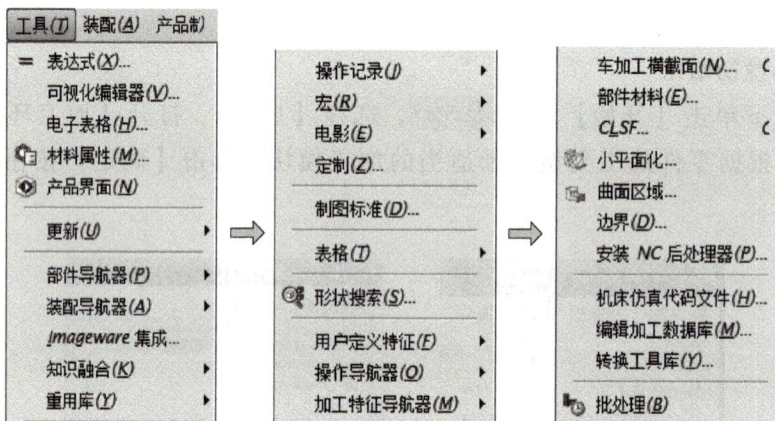

图 1-2-3

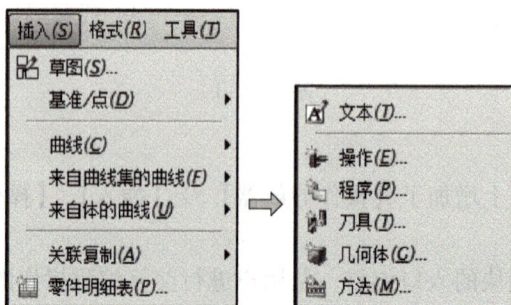

图 1-2-4

（2）**工具条** UG NX 6.0 CAM 用到的工具条主要包括【导航器】工具条（图 1-2-5）、【插入】工具条（图 1-2-6）、【操作】工具条（图 1-2-7、图 1-2-8）。

图 1-2-5

图 1-2-6

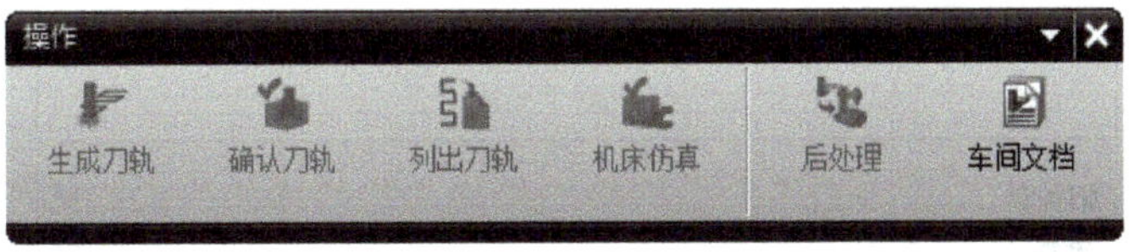

图 1-2-7

图 1-2-8

（3）**导航器** 导航器包括【程序顺序视图】、【机床视图】、【几何视图】和【加工方法视图】。在导航器工具条中，分别单击 、 、 、 按钮，再单击【操作导航器】按钮 ，可以打开图 1-2-9 ～ 图 1-2-12 所示的树形窗口。

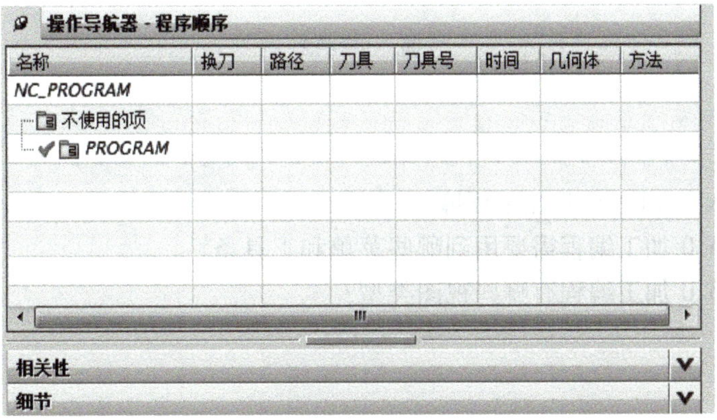

图 1-2-9

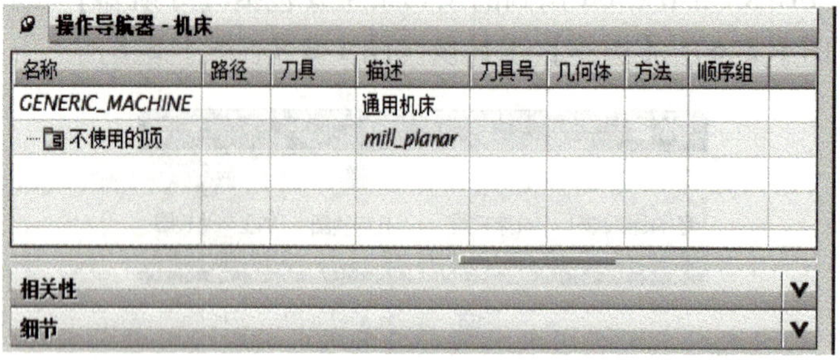

图　1-2-10

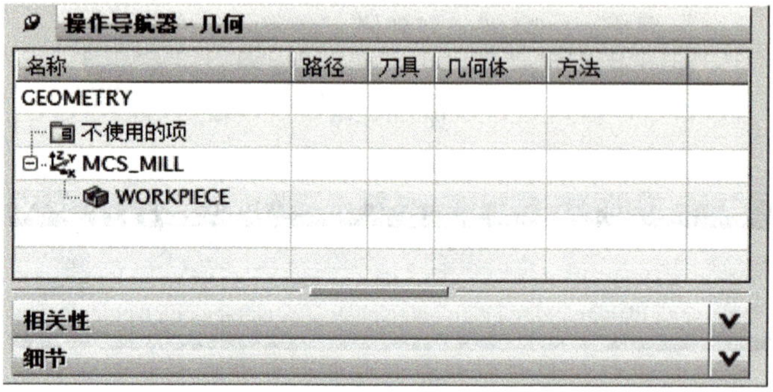

图　1-2-11

图　1-2-12

想一想

(1) 如何进入 UG NX 6.0 加工环境?

(2) UG NX 6.0 加工编程需要用到哪些菜单和工具条?

(3) UG NX 6.0 加工编程有哪些视图类型?

UG NX 6.0 数控加工基本操作

任务一　UG NX 6.0 数控加工基本操作基础

任务目标

（1）掌握 UG NX 6.0 程序组、几何体、刀具和加工方法的创建方法。

（2）灵活选择 UG NX 6.0 操作类型，并完成操作的创建。

（3）掌握 UG NX 6.0 生成刀具轨迹的操作流程，提升学生的学习兴趣。

（4）概述 UG NX 6.0 后置处理的操作方法。

（5）了解 UG NX 6.0 车间文档的作用，培养学生严谨的工作作风。

知识链接

1. 创建程序组

单击【创建程序】 ![图标] 图标或者在菜单栏选择【插入】→【程序】（图 2-1-1），打开图 2-1-2 所示的【创建程序】对话框。

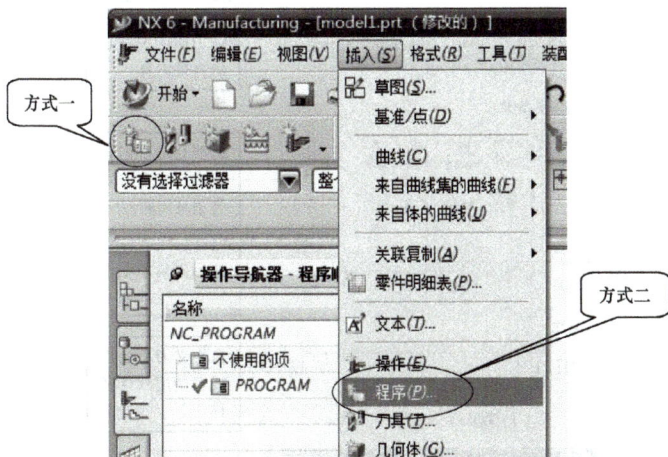

图　2-1-1

在【类型】下拉列表框中选择新建程序所属的类型，如图 2-1-2 所示。

在【位置】下拉列表框中选择新建程序所在的位置，如图 2-1-2 所示。

在【名称】文本框中输入新建程序组的名称，也可以使用系统默认的名称，如图 2-1-2 所示。

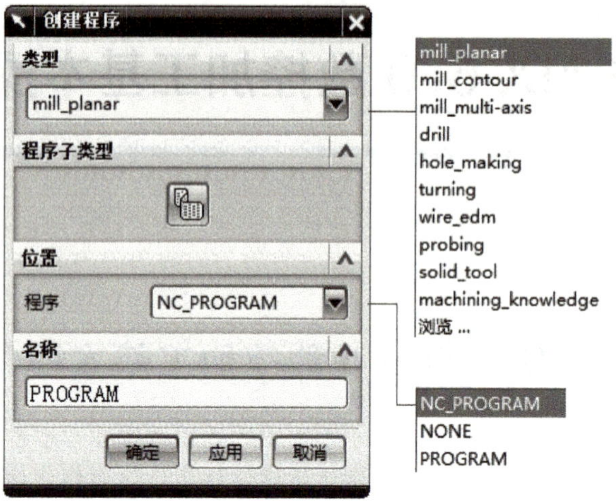

图 2-1-2

小贴士：

如果所加工零件包含的操作不多，可以在同一台机床上完成，也可以不用重新创建程序组，直接使用系统默认的程序组。

2. 创建刀具组

单击【创建刀具】图标或者在菜单栏选择【插入】→【刀具】，打开【创建刀具】对话框。

以加工类型【mill_planar】（铣平面）为例，【创建刀具】对话框如图 2-1-3 所示。【刀

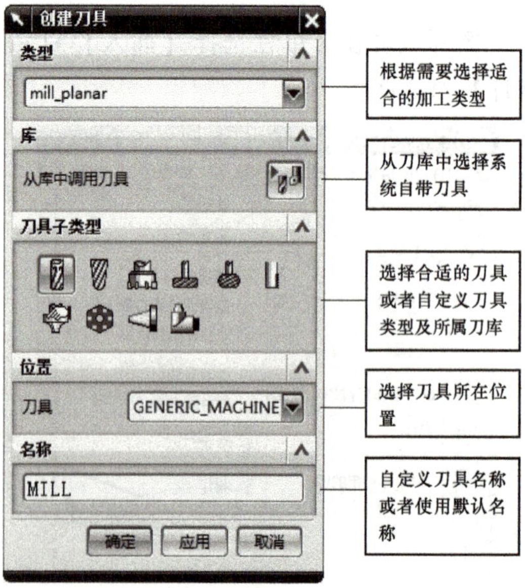

图 2-1-3

具子类型】中包括 MILL（立铣刀）▊、BALL_MILL（球头铣刀）▊、FACE_MILL（面铣刀）▊、T_CUTTER（T 形铣刀）▊、BARREL（鼓形铣刀）▊、THREAD_MILL（螺纹铣刀）▊、MILL_USER_DEFINED（用户定义的铣刀）▊、CARRIER（刀库）▊、MCT_POCKET（刀柄）▊和 HEAD（动力主轴）▊等 10 种类型刀具，用户可根据需要进行刀具的创建。

　　小贴士：

　　不同的加工类型对应了不同的加工刀具，因此用户需要根据相应的加工类型进行刀具的创建。各种加工类型对应的刀具类型见表 2-1-1。

表　2-1-1

加工类型	刀具类型	注　释
mill_planar（铣平面）	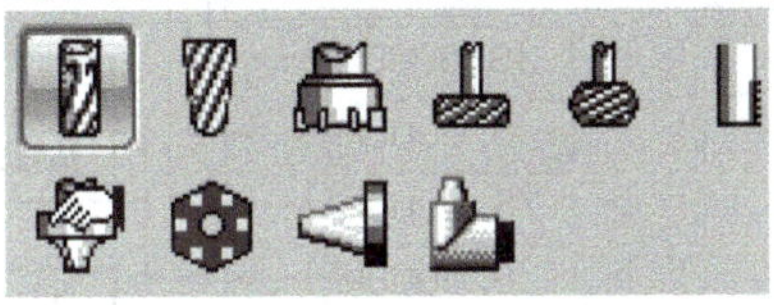	用于平面铣削的各类刀具
mill_contour（轮廓铣）	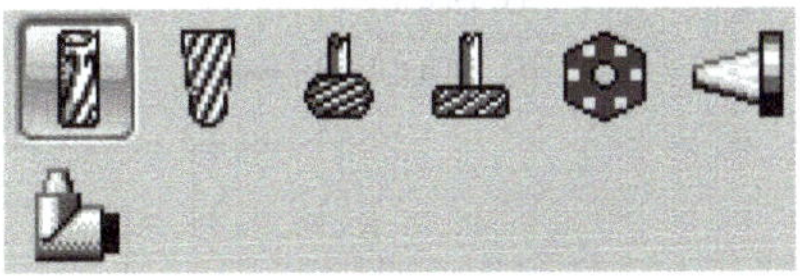	用于轮廓铣削的各类刀具
mill_multi_axis（多轴轮廓铣）	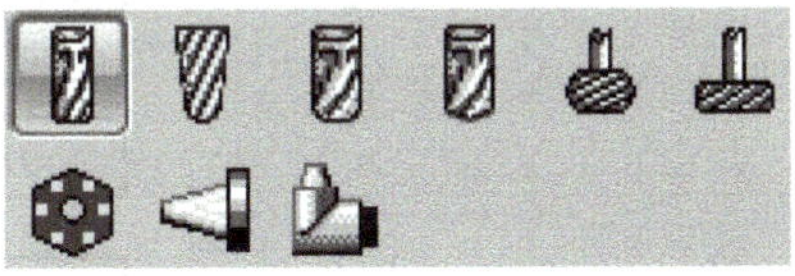	用于多轴轮廓铣削的各类刀具
drill（钻）	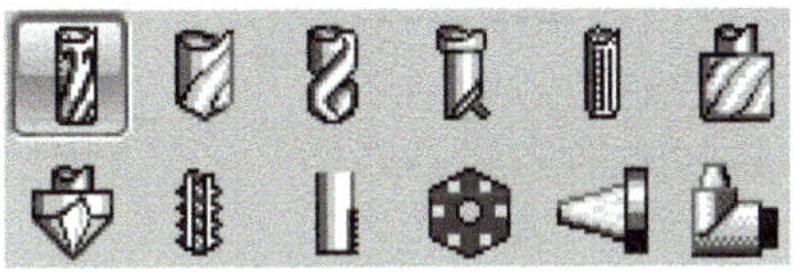	用于钻、扩、铰、攻螺纹的各类刀具
hole_making（孔加工）	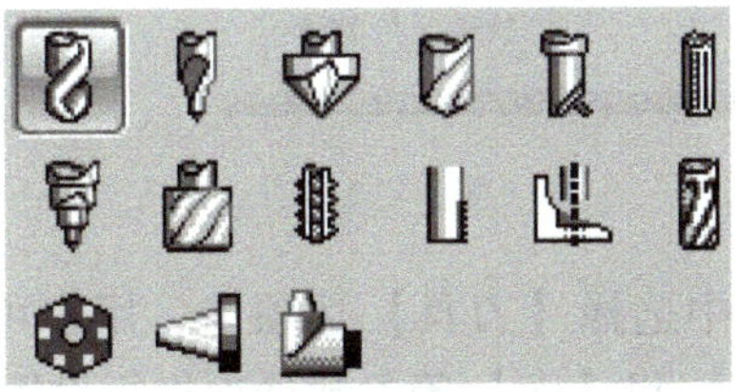	用于钻、扩、铰、铣、镗等各类刀具
turning（车）	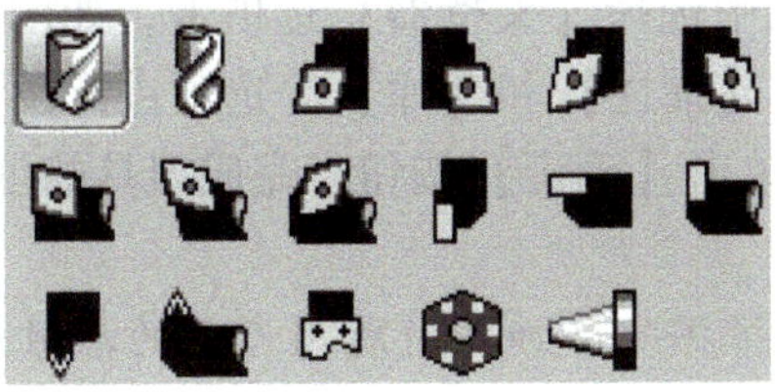	用于车削的各类刀具

在【创建刀具】对话框中，根据零件加工工艺安排选择合适的【类型】、【刀具子类型】、刀具存储【位置】，以及输入刀具的【名称】。以创建面铣刀为例，单击【确定】按钮后打开图 2-1-4 所示的【铣刀-5 参数】对话框。

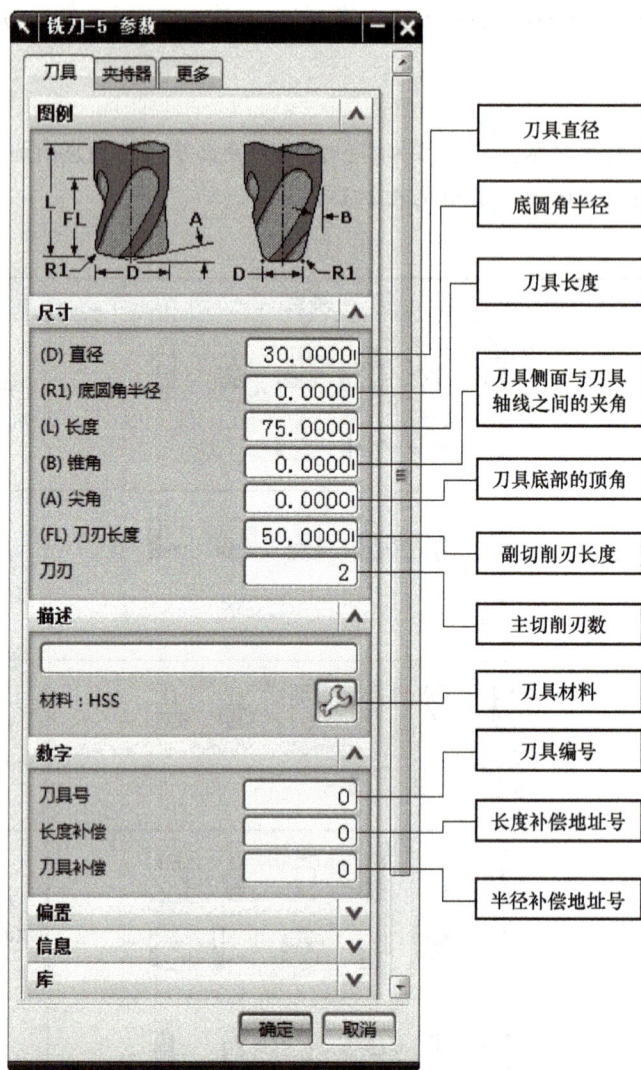

图例区右侧标注：
- 刀具直径
- 底圆角半径
- 刀具长度
- 刀具侧面与刀具轴线之间的夹角
- 刀具底部的顶角
- 副切削刃长度
- 主切削刃数
- 刀具材料
- 刀具编号
- 长度补偿地址号
- 半径补偿地址号

尺寸参数：
- (D) 直径　30.0000
- (R1) 底圆角半径　0.0000
- (L) 长度　75.0000
- (B) 锥角　0.0000
- (A) 尖角　0.0000
- (FL) 刀刃长度　50.0000
- 刀刃　2

描述　材料：HSS

数字：刀具号 0　长度补偿 0　刀具补偿 0

图　2-1-4

在【铣刀-5 参数】对话框中选择【刀具】选项卡，用户可以对刀具的【尺寸】、【描述】、【数字】、【偏置】、【信息】和【库】等参数选项进行设置。

在【铣刀-5 参数】对话框中选择【夹持器】选项卡，如图 2-1-5 所示。用户可以对刀具的【夹持器步数】、【刀片】、【描述】和【库】等选项进行设置。

设置完各个参数选项后，单击【确定】按钮，完成刀具的创建。

小贴士：

① 用户在创建刀具时，应根据实际加工时所用刀具的参数进行刀具和夹持器等相关参数选项的设置。

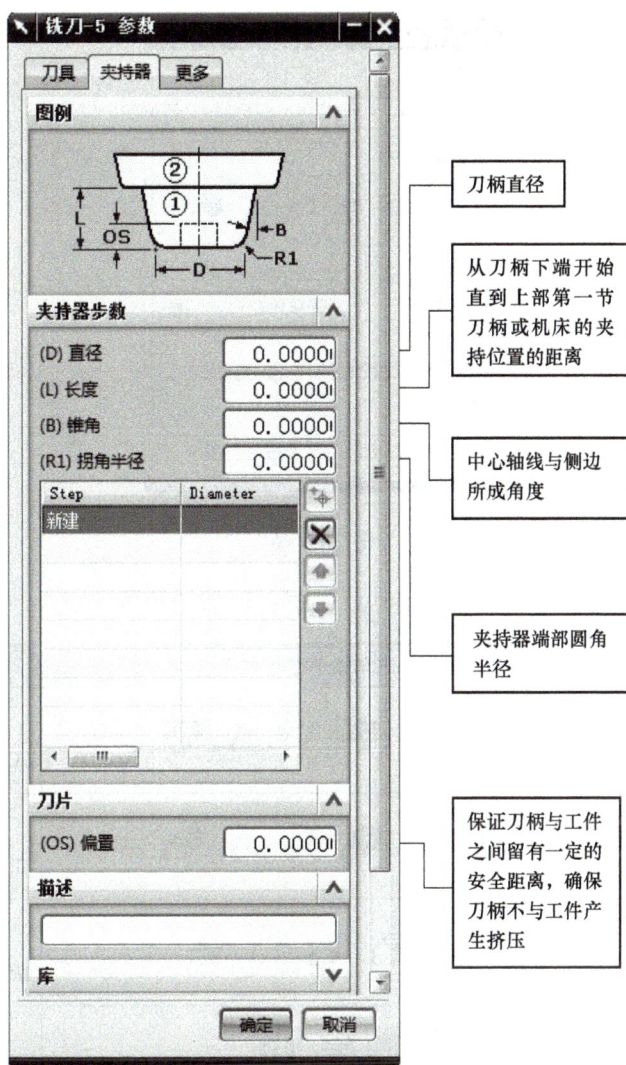

刀柄直径

从刀柄下端开始直到上部第一节刀柄或机床的夹持位置的距离

中心轴线与侧边所成角度

夹持器端部圆角半径

保证刀柄与工件之间留有一定的安全距离，确保刀柄不与工件产生挤压

图　2-1-5

② 如果没有合适的刀具类型，用户也可以根据需要自己创建新的刀具类型，并存储在自己新建或者系统默认的刀库内。

3. 创建几何体

单击【创建几何体】图标🔧或者在菜单栏选择【插入】→【几何体】，打开图2-1-6所示的【创建几何体】对话框。

几何体子类型介绍如下。

🔲：MCS 坐标系　　　　　　🔲：工件 1（WORKPIECE_1）

🔲：铣削面或区域（MILL_AREA）　🔲：边界铣削（MILL_BND）

🔲：文本铣削（MILL_TEXT）　🔲：铣削几何体（MILL_GEOM）

小贴士：

不同的加工类型对应不同的几何体子类型，见表2-1-2。

图 2-1-6

表 2-1-2

加 工 类 型	几何体子类型	注 释
mill_planar（铣平面）		用于平面铣削的各类加工几何体
mill_contour（轮廓铣）		用于轮廓铣削的各类加工几何体
mill_multi_axis（多轴轮廓铣）		用于多轴轮廓铣削的各类加工几何体
drill（钻）		用于钻、扩、铰、攻螺纹的各类加工几何体
hole_making（孔加工）		用于钻、扩、铰、铣、镗等各类加工几何体
turning（车）		用于车削的各类加工几何体

　　依次选择合适的加工【类型】、【几何体子类型】和【位置】，并输入几何体的【名称】，单击【确定】按钮，打开图 2-1-7 所示的【铣削几何体】对话框，根据选项进行几何体对象的指定。

小贴士：

进入到选定加工类型模块时，系统已经自带创建好的几何体定义模块，用户只需根据相关选项进行几何体对象的指定即可。

以 mill_planar（铣平面）为例，具体操作如下：

1）单击【导航器】工具条上的【几何视图】，打开【操作导航器-几何】视图。

2）双击 MCS_MILL 下的【WORKPIECE】图标，打开【铣削几何体】对话框，根据要求对相关部件及毛坯选项进行指定，如图 2-1-8 所示。

小贴士：

用【几何体】和【自动块】创建毛坯是最常用的两种方式，用户根据需要也可利用【特征】、【小平面】和【部件的偏置】来创建毛坯。

4. 创建加工方法

单击【创建方法】图标或者在菜单栏选择【插入】→【方法】，打开【创建方法】对话框，如图 2-1-9 所示。

图 2-1-7

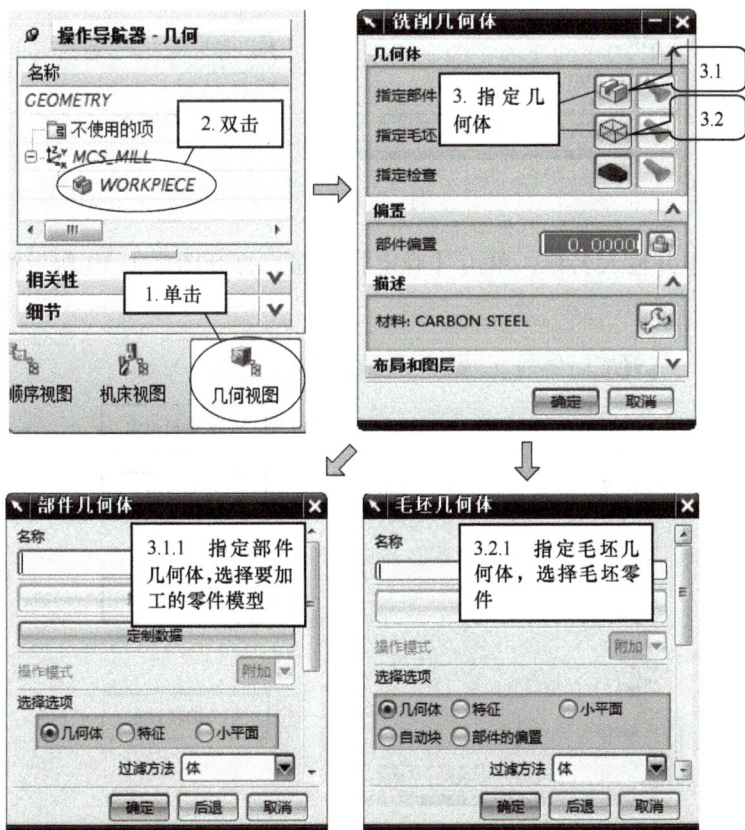

图 2-1-8

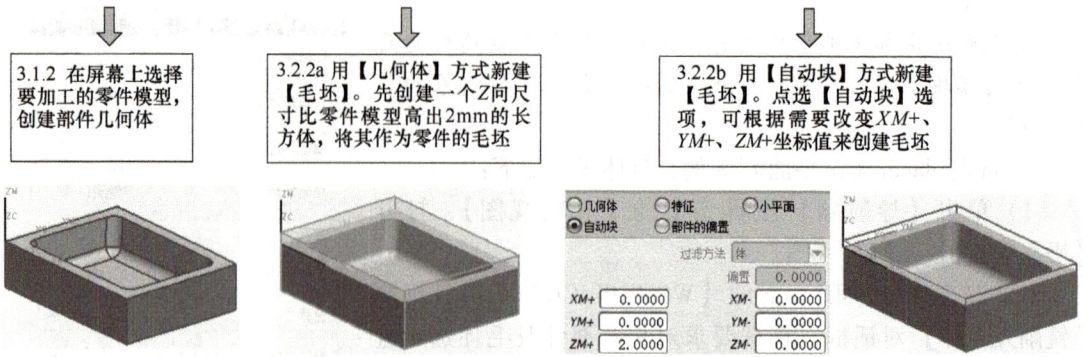

图 2-1-8（续）

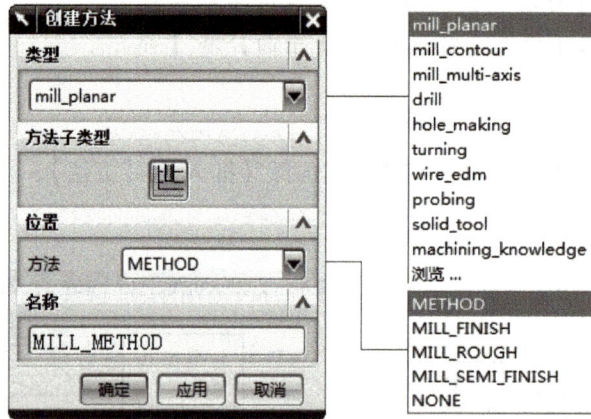

mill_planar
mill_contour
mill_multi-axis
drill
hole_making
turning
wire_edm
probing
solid_tool
machining_knowledge
浏览 …

METHOD
MILL_FINISH
MILL_ROUGH
MILL_SEMI_FINISH
NONE

图 2-1-9

选择合适的选项并输入名称，单击【确定】按钮，打开图 2-1-10 所示的【铣削方法】对话框。

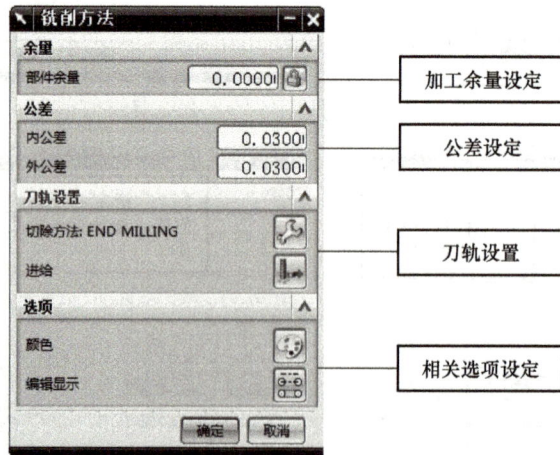

加工余量设定

公差设定

刀轨设置

相关选项设定

图 2-1-10

小贴士：

UG NX 6.0加工方法的作用主要是对粗加工、半精加工和精加工指定加工公差、加工余量和进给量等参数。

在UG加工模块里，系统已经创建好了粗加工、半精加工和精加工等常用加工方法。单击【导航器】工具条的【加工方法视图】按钮，导航器显示【操作导航器-加工方法】视图，如图2-1-11所示。双击【MILL_ROUGH】图标，打开粗加工【铣削方法】对话框，如图2-1-12所示。

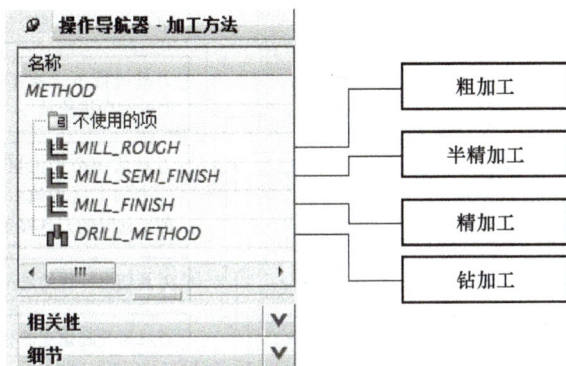

图　2-1-11

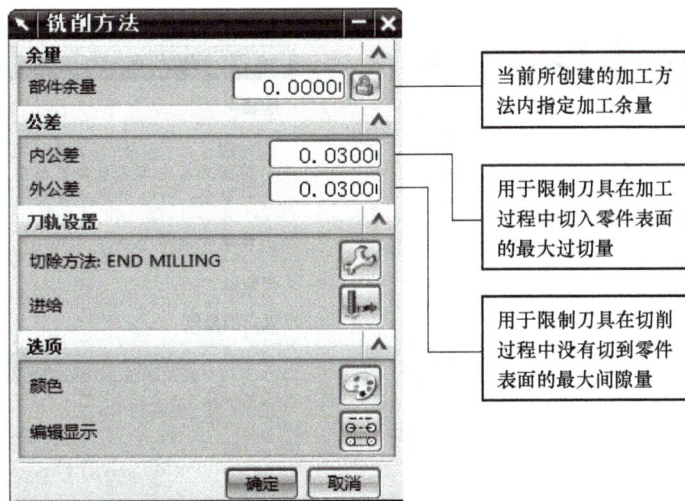

图　2-1-12

在【铣削方法】对话框中单击【进给】按钮▐➡，打开图2-1-13所示的【进给】对话框。

在【铣削方法】对话框中单击【颜色】按钮🎨，打开图2-1-14所示的【刀轨显示颜色】对话框。单击任意一个色块，打开图2-1-15所示的【颜色】对话框，用户可以根据需要或者喜好选择所需颜色来设置刀具轨迹的显示颜色。

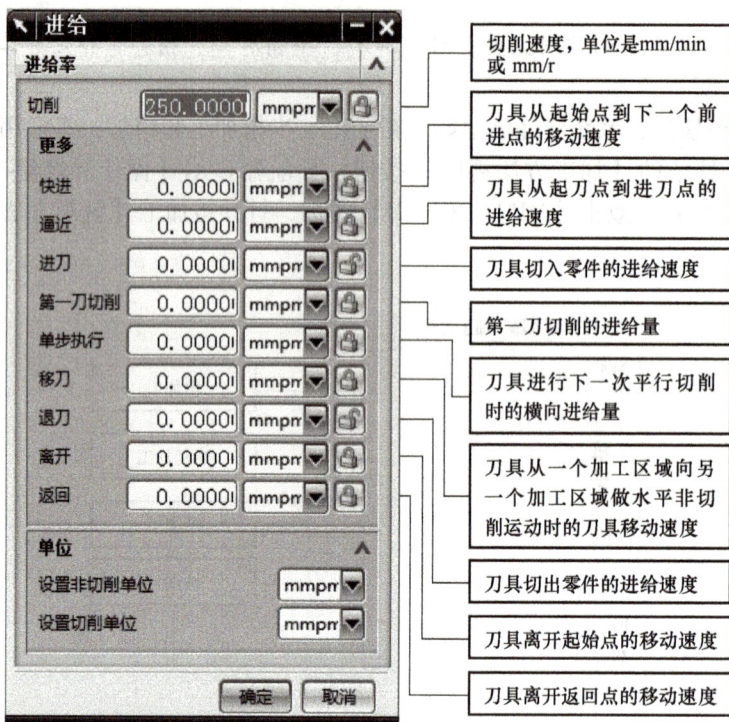

切削速度，单位是mm/min 或 mm/r

刀具从起始点到下一个前进点的移动速度

刀具从起刀点到进刀点的进给速度

刀具切入零件的进给速度

第一刀切削的进给量

刀具进行下一次平行切削时的横向进给量

刀具从一个加工区域向另一个加工区域做水平非切削运动时的刀具移动速度

刀具切出零件的进给速度

刀具离开起始点的移动速度

刀具离开返回点的移动速度

图　2-1-13

图　2-1-14

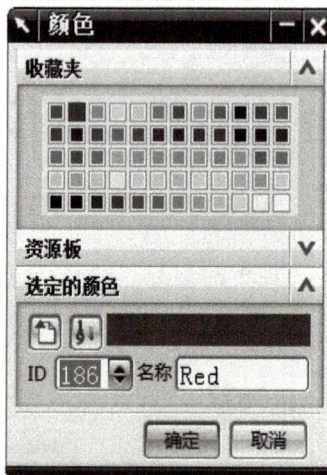

图　2-1-15

　　在【铣削方法】对话框中单击【编辑显示】按钮，打开图 2-1-16 所示的【显示选项】对话框，根据需要设置【刀具显示】、【刀轨显示】和【轮廓线显示选项】等参数。

5. 创建操作

　　单击【创建操作】图标　或者在菜单栏选择【插入】→【操作】，打开图 2-1-17 所示的【创建操作】对话框。

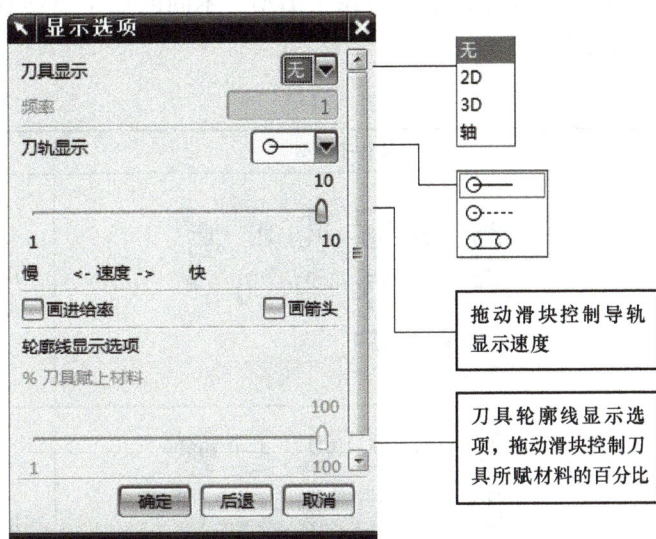

图　2-1-16

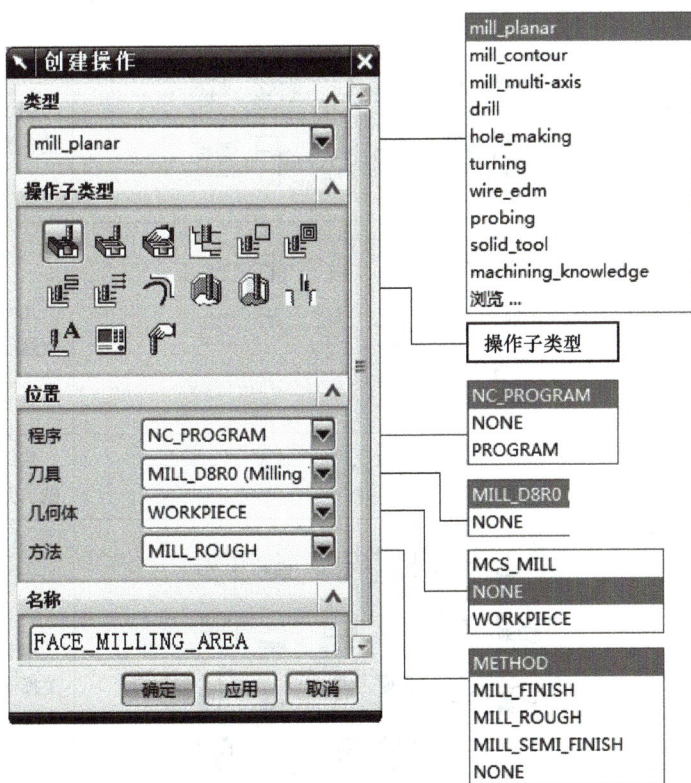

图　2-1-17

【创建操作】对话框中各选项的设置步骤如下：

1）在【类型】下拉列表中选择合适的加工类型。

2）在【操作子类型】中选择合适的操作子类型。不同的加工类型有不同的操作子类型，部分操作子类型见表2-1-3。

表 2-1-3

加 工 类 型	操作子类型	注 释
mill_planar（铣平面）	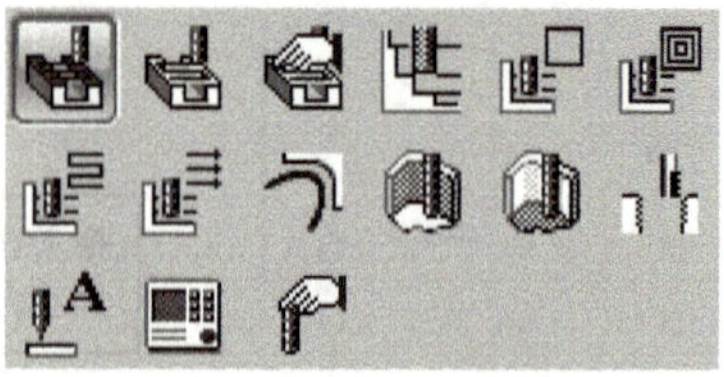	用于创建平面铣削的各类加工操作
mill_contour（轮廓铣）	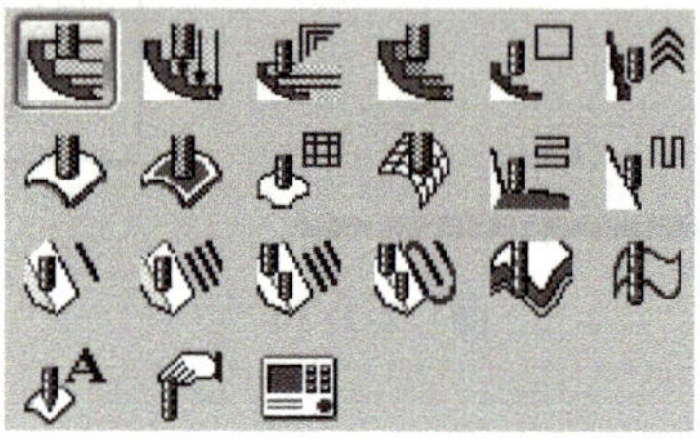	用于创建轮廓铣削的各类加工操作
mill_multi_axis（多轴轮廓铣）		用于创建多轴轮廓铣削的各类加工操作
drill（钻）	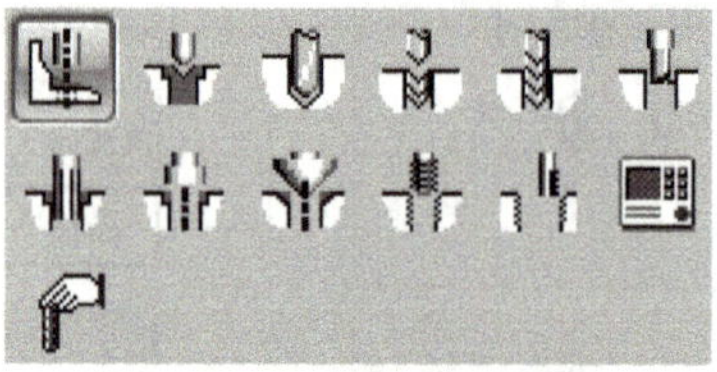	用于创建钻、扩、铰、攻螺纹的各类加工操作
hole_making（孔加工）		用于创建钻、扩、铰、铣、镗等各类加工操作
turning（车）	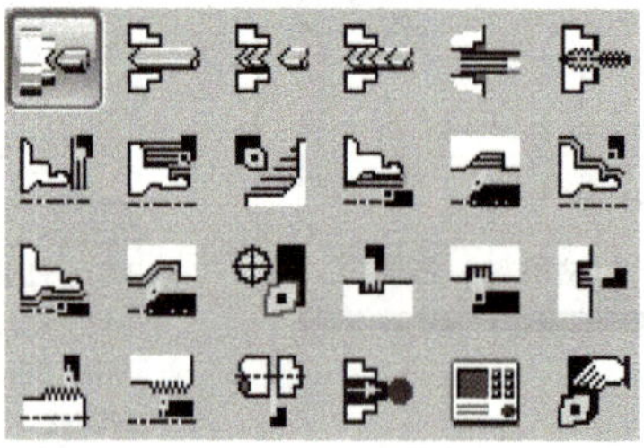	用于创建车削的各类加工操作

3）在【程序】下拉列表框中选择程序父项，在【刀具】下拉列表框中选择合适的刀具，在【几何体】下拉列表框中选择对应的几何体，在【方法】下拉列表框中选择合适的加工方法。

4）在【名称】文本框中输入新建操作的名称。

5）单击【确定】或【应用】按钮，打开对应的操作模板对话框。

例如，输入新建操作的名称为【FACE_MILLING_AREA】（表面区域铣），设置完各选项后单击【确定】或【应用】按钮，打开图 2-1-18 所示的【面铣削区域】对话框。

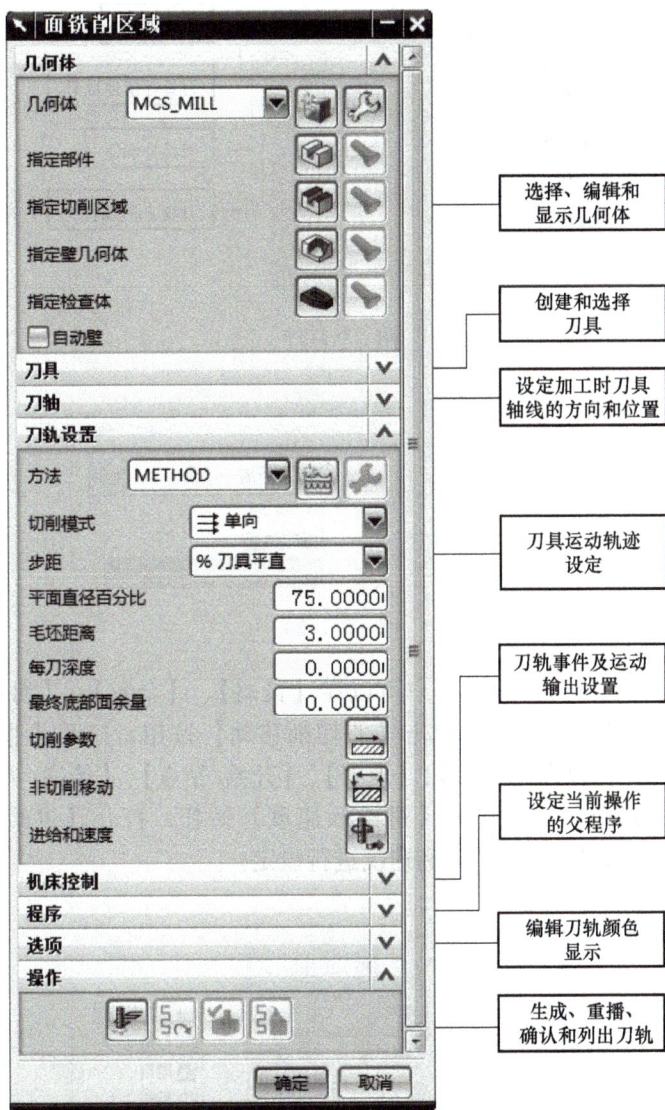

图　2-1-18

（1）几何体　【几何体】主要用于选择、编辑和显示几何体，不同的加工模块对应不同的几何体选择和编辑方法。

（2）刀具　【刀具】用于创建和选择刀具，如图 2-1-19 所示。

（3）刀轴　【刀轴】用于设定加工时刀具轴线的方向和位置，如图 2-1-20 所示。

（4）刀轨设置　【刀轨设置】用于设定切削模式和加工工艺参数，如图 2-1-21 所示。不同的切削模式限定刀具以不同的方式运动，见表 2-1-4。单击【切削参数】按钮，打开

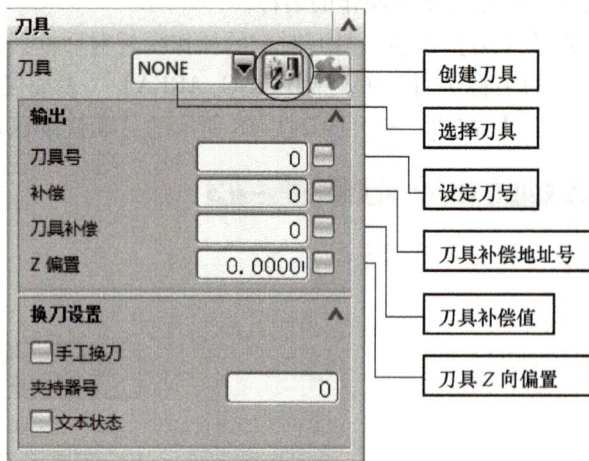

图 2-1-19

图 2-1-20

【切削参数】对话框（图 2-1-22），用户可以在【策略】、【余量】、【拐角】、【连接】和
【空间范围】等选项卡中进行设定。单击【非切削移动】按钮，打开【非切削移动】对话
框（图 2-1-23），用户可以在【进刀】、【退刀】、【开始/钻点】、【传递/快速】、【避让】和
【更多】等选项卡中进行设定。单击【进给和速度】按钮，打开【进给和速度】对话框
（图 2-1-24），用户可以对相关进给率和速度进行设定。

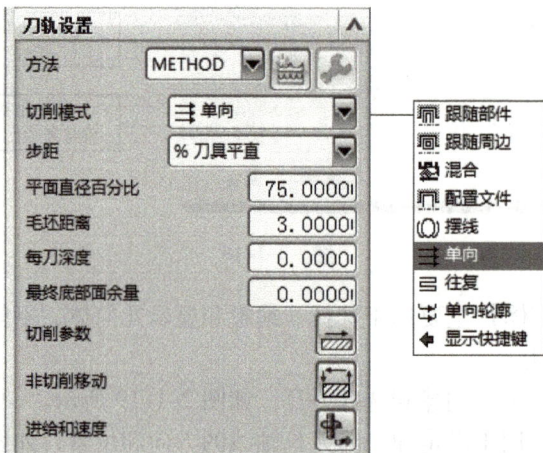

图 2-1-21

表　2-1-4

名　　称	图　　例	注　　释
跟随部件	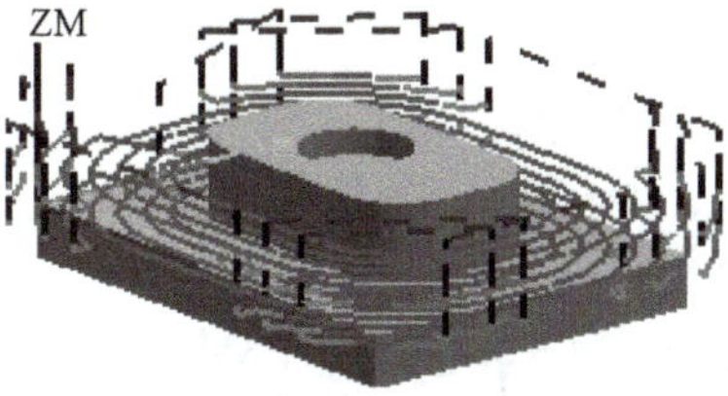	生成一系列跟随加工零件指定轮廓的刀具轨迹
跟随周边	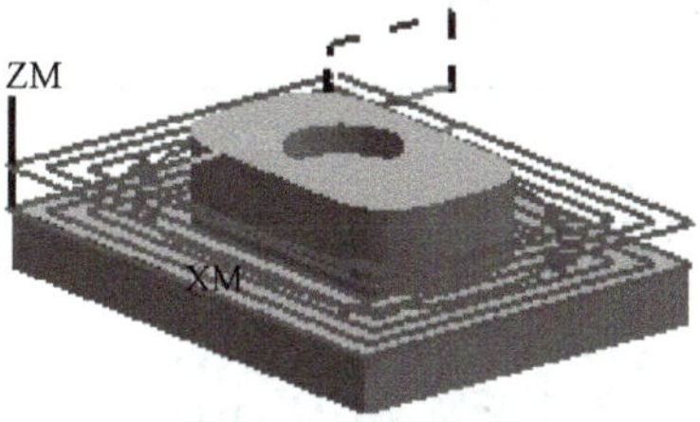	生成一系列同心封闭的环形刀具轨迹
混合	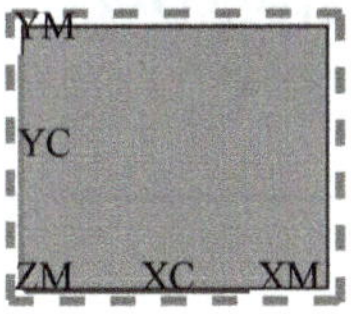	仅用于平面铣的表面铣（face_mill）的走刀方式
配置文件	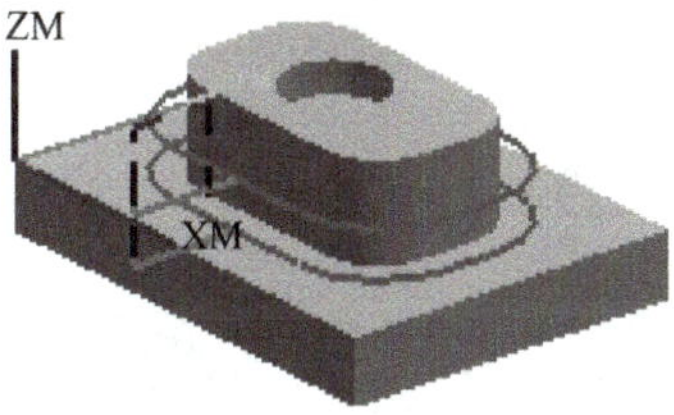	生成一系列单一或指定数量并绕切削区域轮廓的刀具轨迹
摆线	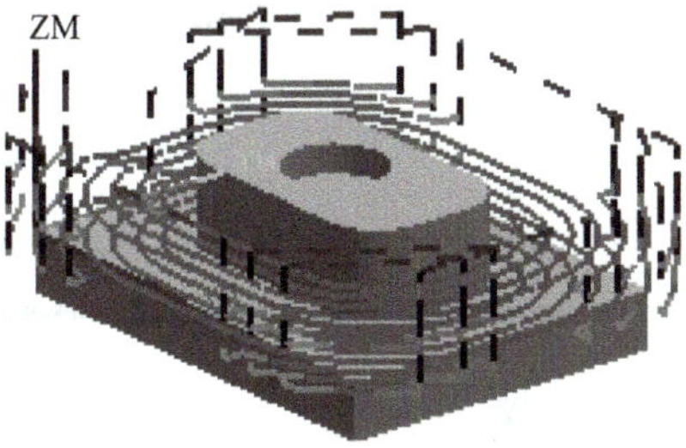	生成一系列类似轮廓的刀具轨迹，但不允许自我交叉
单向	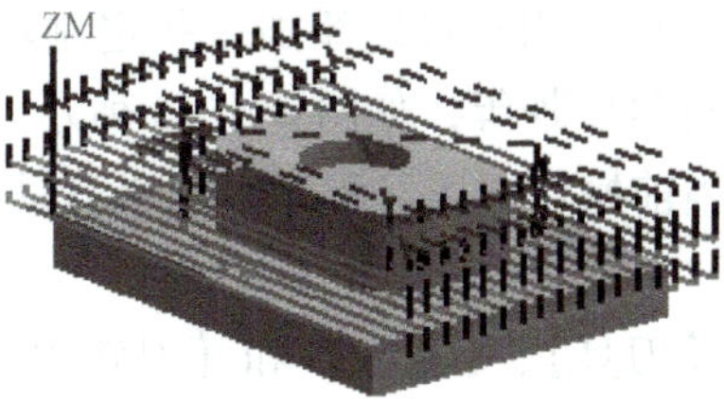	生成一系列单向平行的线性刀具轨迹

（续）

名　称	图　例	注　释
往复		生成一系列平行连续的线性往复刀具轨迹
单向轮廓		生成一系列单向平行的线性刀具轨迹，回程是快速横越运动。在两段连续刀具轨迹间，跨越刀具轨迹是切削壁面的刀具轨迹

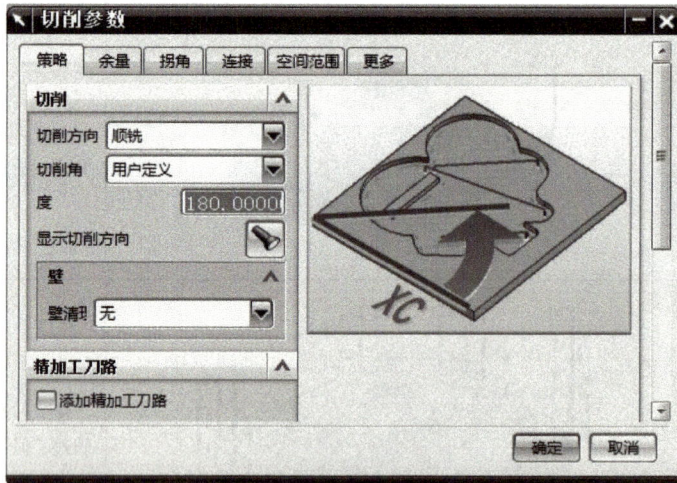

图　2-1-22

（5）机床控制　通过【机床控制】，用户可以添加一些定制功能，如冷却方式、暂停、选择性暂停、停止、停驻、注释和行号添加等，如图 2-1-25 所示。

（6）程序　【程序】用于设定当前操作所属父程序。用户可以在此编辑或者新建当前操作所属父程序，如图 2-1-26 所示。

（7）选项　【选项】用于编辑【刀具】、【路径】和【刀轨生成】的显示，如图 2-1-27 所示。

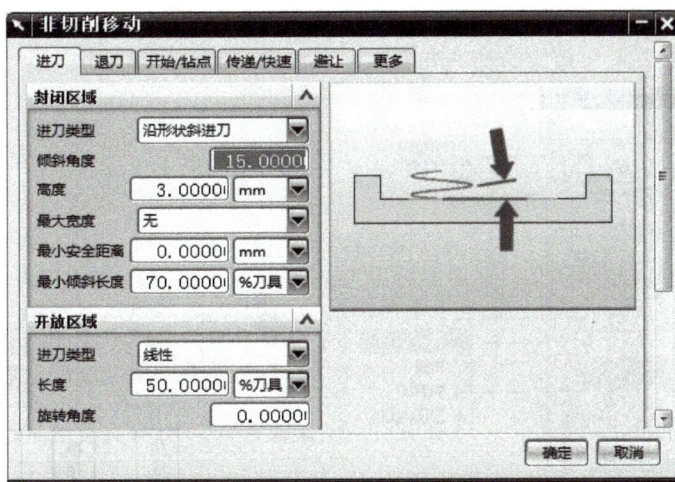

图　2-1-23

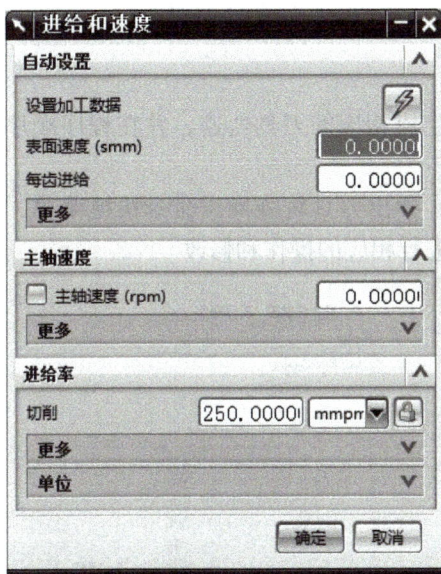

图　2-1-24

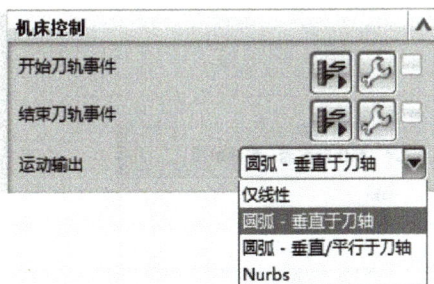

图　2-1-25

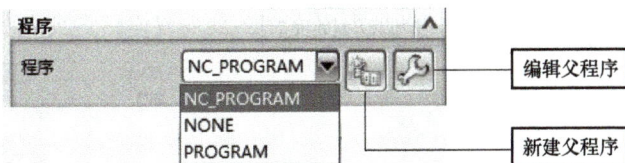

图　2-1-26

（8）操作　【操作】主要用于生成、重播、确认和列出刀具轨迹，如图2-1-28所示。

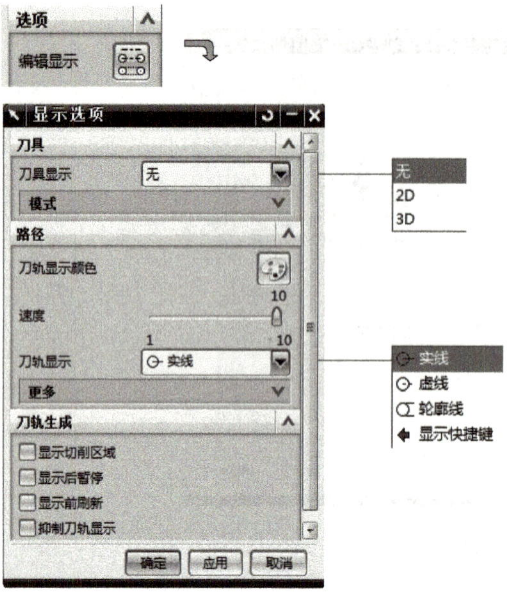

图 2-1-27

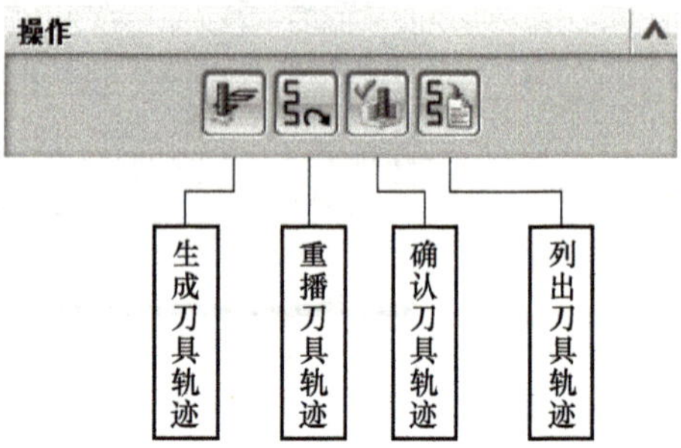

图 2-1-28

6. 刀具轨迹

单击【操作】工具条中的【生成】按钮，即可生成相应的刀具轨迹，并在程序顺序导航器内生成对应的操作图标，如图 2-1-29 所示。

选中需要进行操作的刀具轨迹，单击鼠标右键，弹出刀具轨迹操作命令快捷菜单，如图 2-1-30 所示。选择需要的菜单命令，对刀具轨迹进行相应的操作和修改。

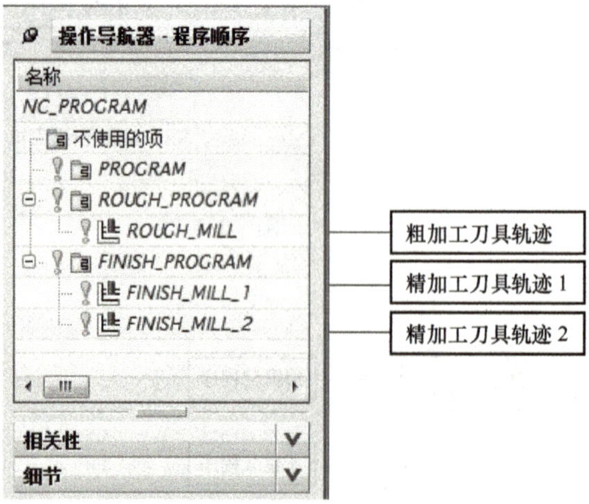

图 2-1-29

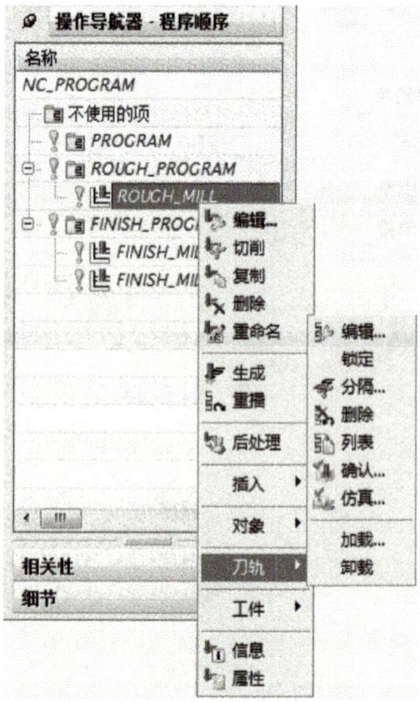

图 2-1-30

选中操作，单击【操作】工具条上的【确认】按钮，可以打开图 2-1-31 所示的【刀轨可视化】对话框，对选中的操作进行可视化模拟，即模拟仿真加工。在模拟仿真加工时，用户可以根据需要选择 2D 动态或者 3D 动态，选择恰当的动画演示速度，对所选操作进行可视化模拟。通过观察模拟过程和结果，判断前期操作参数设置的合理性和可行性。如果存在不合理的地方，可以对相关设置进行优化，再进行模拟仿真加工，判断设置的合理性和可行性。如无问题则可进行后处理，输出 NC 程序。

小贴士：

3D 动态模拟比 2D 动态模拟计算量更多，需要占用更多的内存，因此 3D 动态模拟的仿真运算速度要慢一些，但是其显示的细节要比 2D 动态模拟好得多，计算机硬件条件比较好时推荐使用 3D 动态模拟。

7. 后处理

在操作导航器中选中一个操作或者一个程序组，单击【操作】工具条上的【后处理】按钮，可以打开图 2-1-32 所示的【后处理】对话框。选择适用的后处理器，浏览查找输出文件的地址和名称，勾选【列出输出】，单击【应用】按钮，系统则将所生成的 NC 程序以记事本形式显示打开，如图 2-1-33 所示。用户根据真实机床的加工要求对程序进行适当修改后，即可发送到机床进行零件试切。

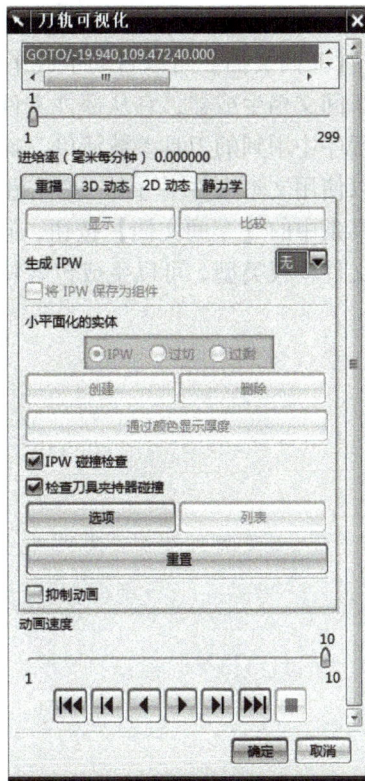

图 2-1-31

图 2-1-32

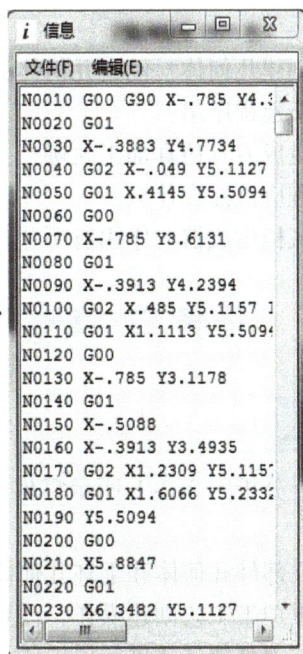

图 2-1-33

8. 车间文档

【车间文档】可以自动生成车间相关工艺文档并以多种格式输出。UG NX 6.0 提供了一个车间文档生成器，它从部件文件中提取对加工车间有用的 CAM 文本和图形信息，包括数控程序中用到的刀具参数清单、操作顺序、加工方法清单和切削参数清单等。车间工艺文档可以使用文本文件（.txt）或者超文本链接文件（.html）两种格式输出。单击加工【操作】工具条中的【车间文档】按钮，打开图 2-1-34 所示的【车间文档】对话框，选择合适的工艺文件模板类型，可以生成包含特定信息的工艺文件。

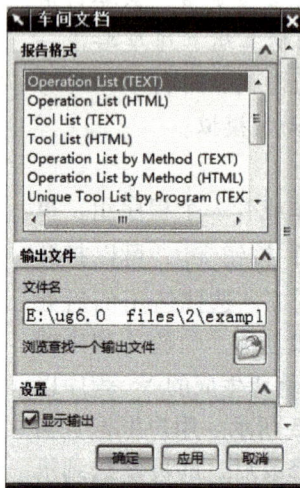

图 2-1-34

想一想

（1）如何创建几何体？创建几何体的方式有哪些？
（2）如何新建程序组？
（3）如何生成刀具仿真加工轨迹？
（4）后处理应该注意什么？
（5）车间文档生成器的作用有哪些？

任务二　UG NX 6.0 数控加工范例

任务目标

（1）准备、分析图 2-2-1 所示零件模型，确定加工工艺，培养学生发现问题、解决问题的能力。
（2）能定义部件几何体和毛坯几何体并创建刀具。
（3）能根据加工工艺创建操作，设置工艺参数，培养学生一丝不苟、严谨的工作作风。
（4）能生成刀具轨迹并进行模拟仿真。
（5）能对相关操作进行后置处理。

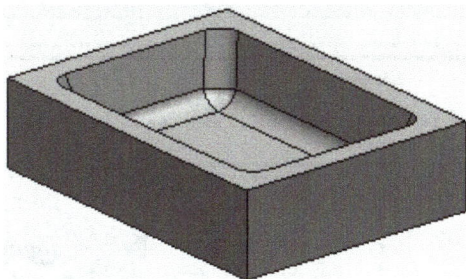

图 2-2-1

♟ 范例操作步骤

1. 加工准备

1) 打开图 2-2-1 所示零件模型。

2) 单击工具条中的【开始】按钮 🔘 开始▾，在其下拉菜单中选择【加工】命令，打开图 2-2-2 所示【加工环境】对话框。选择【mill_planar】选项，单击【确定】按钮，进入加工环境。

3) 单击菜单栏中的【分析】，在下拉菜单中选择【NC 助理】，打开图 2-2-3 所示【NC 助理】对话框。在【分析类型】下拉列表框中选择【圆角半径】，在屏幕工作区域框选择零件模型，然后单击【应用】按钮，弹出图 2-2-4 所示【信息】窗口。系统将零件模型上主要圆角处附着颜色突显，【信息】窗口内列出圆角半径值。

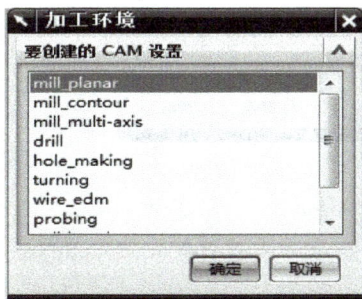

图 2-2-2

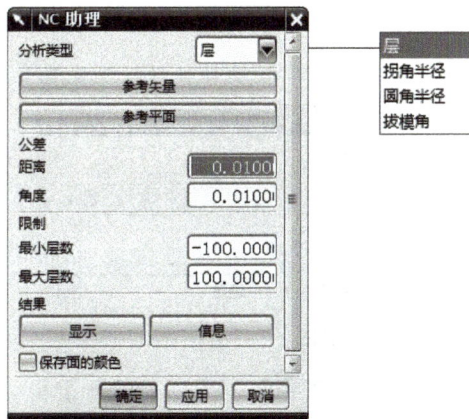

图 2-2-3

2. 创建几何体

(1) 设置加工坐标系 单击【几何视图】图标 🔧，将操作导航器切换至【操作导航器-几何】视图，如图 2-2-5 所示。双击【MCS_MILL】图标，打开【Mill Orient】对话框。单击【CSYS】图标 🔩，打开【CSYS】对话框，选择零件模型坐标系原点，使加工坐标系（XM-YM-ZM）原点与零件模型坐标系（XC-YC-ZC）原点重合，如图 2-2-6 所示。

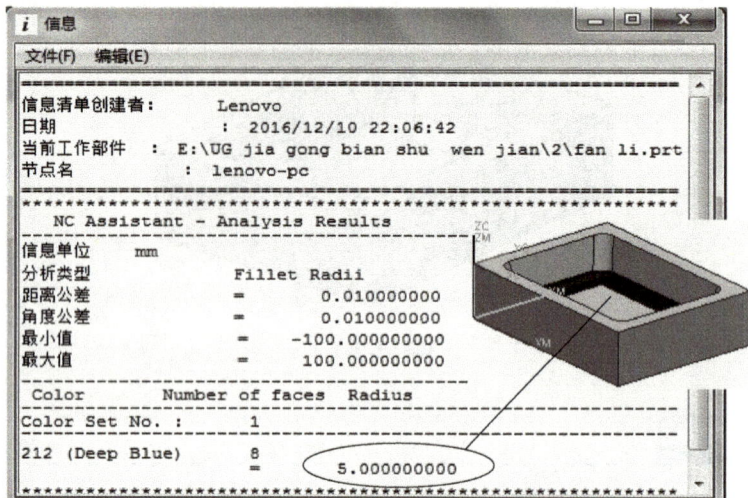

图　2-2-4

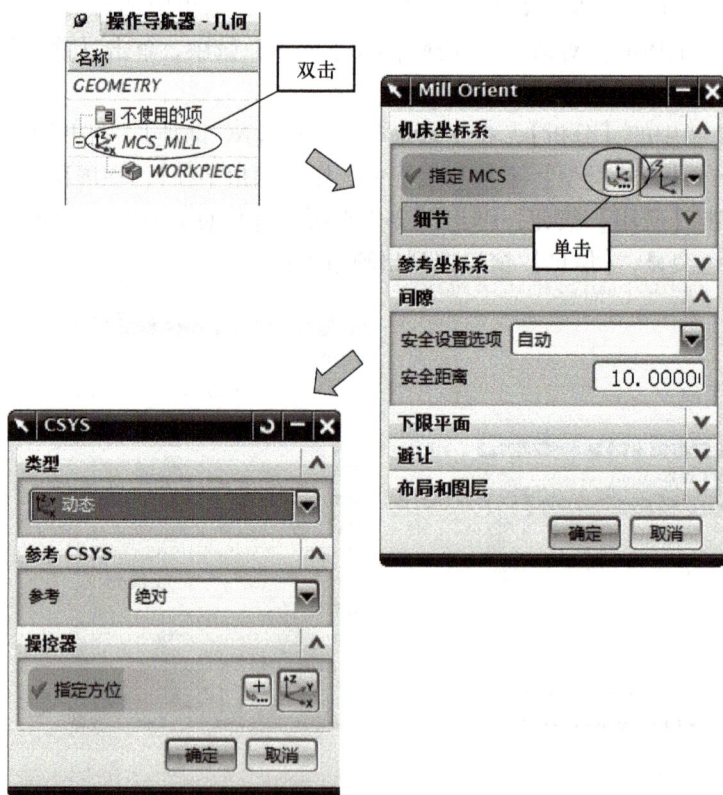

图　2-2-5

小贴士：

　　使加工坐标系 XM-YM-ZM 原点与零件模型坐标系 XC-YC-ZC 原点重合，目的是让软件编程坐标系与人工编程时使用的坐标系和实际机床上对刀时创建的加工坐标系重合。如不重合，则需要在机床相关偏置设置内输入补偿数值，否则在加工时会发生机床碰撞等事故。

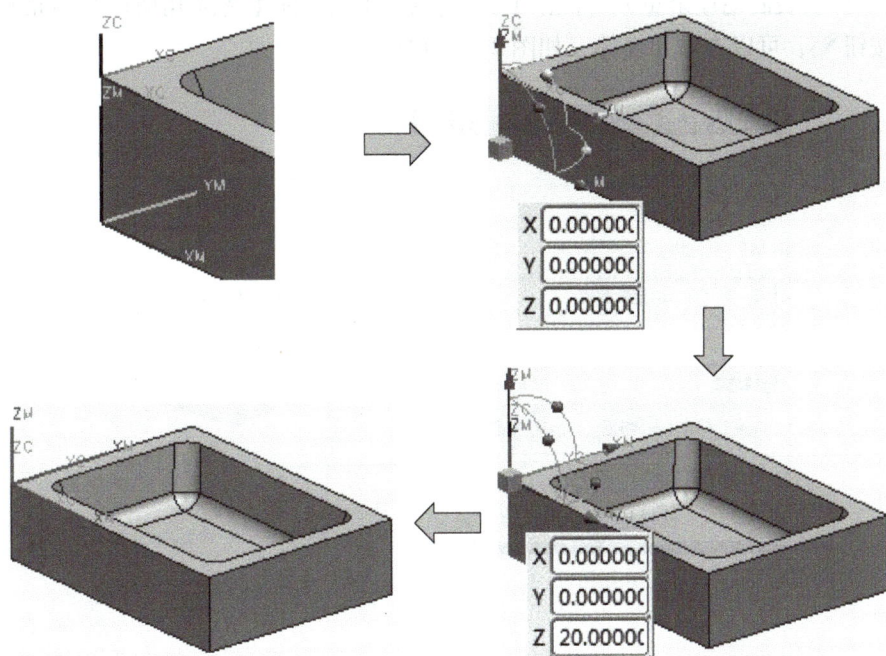

图 2-2-6

（2）指定几何体 双击【MCS_MILL】下的【WORKPIECE】图标，打开图 2-2-7 所示
【铣削几何体】对话框。单击【选择或编辑部件几何体】按钮，打开图 2-2-8 所示【部
件几何体】对话框，在【选择选项】处点选【几何体】选项，在工作区域全选零件模型，
单击【确定】按钮，完成部件几何体的指定。

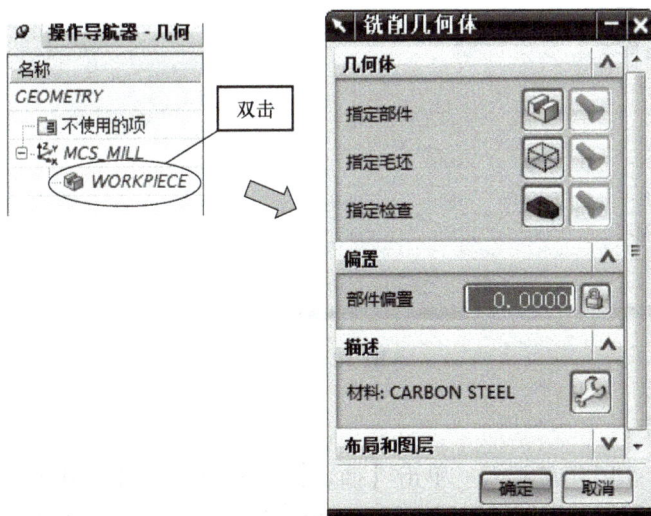

图 2-2-7

单击【选择或编辑毛坯几何体】按钮，打开图 2-2-9 所示【毛坯几何体】对话框，
在【选择选项】中点选【自动块】选项，【ZM +】文本框内输入 "1mm"（毛坯高度增加

1mm 作为零件上表面毛坯余量），单击【确定】按钮，返回【铣削几何体】对话框。单击【显示】按钮 ✎，可以查看几何体，如图 2-2-10 所示。

图　2-2-8

图　2-2-9

3. 创建刀具

（1）创建 MILL_D8R0 立铣刀　单击【插入】工具条中的【创建刀具】按钮 ，打开【创建刀具】对话框，如图 2-2-11 所示。在【类型】下拉列表框中选择【mill_planar】，在【刀具子类型】中选择【MILL】立铣刀 ，在【名称】文本框中输入"MILL_D8R0"，单击【确定】按钮。打开【铣刀-5 参数】对话框，按照图 2-2-12 所示设置各项参数，单击【确定】按钮，完成立铣刀的创建。

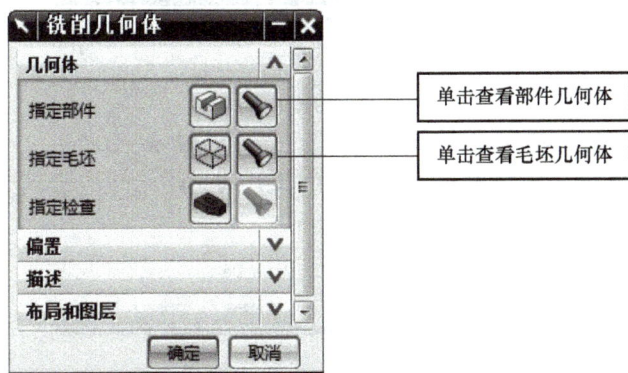

图　2-2-10

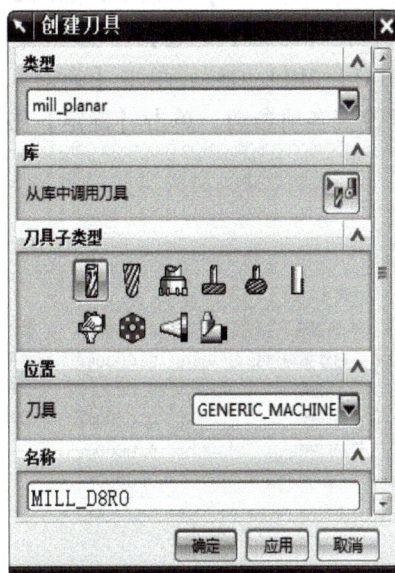

图　2-2-11

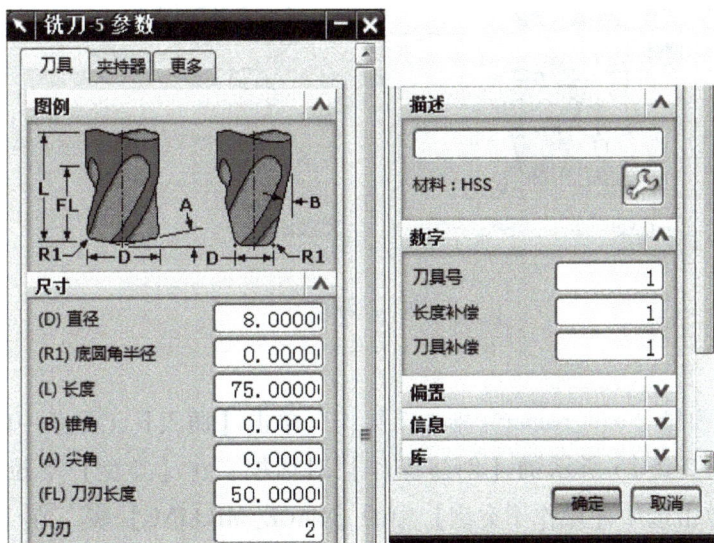

图　2-2-12

小贴士：

刀具的创建应该根据实际生产中所用刀具进行。如果随意创建并将程序用于实际生产，将会影响零件加工的精度。

(2)　创建 MILL_D8R2 立铣刀　参考 MILL_D8R0 立铣刀的创建方式创建 MILL_D8R2 立铣刀，【铣刀-5 参数】对话框中的参数设置如图 2-2-13 所示。

(3)　创建 MILL_BALL_D5 球头铣刀　单击【插入】工具条中的【创建刀具】按钮，

打开【创建刀具】对话框，如图2-2-14所示。在类型下拉列表框中选择【mill_contour】选项，在【刀具子类型】中选择【MILL_BALL】球头铣刀 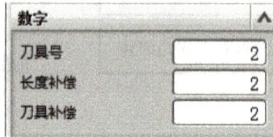，在【名称】文本框中输入"BALL_MILL_D5"，单击【确定】按钮，打开【铣刀-球头铣】对话框，按照图2-2-15所示设置各项参数，单击【确定】按钮，完成球头铣刀的创建。

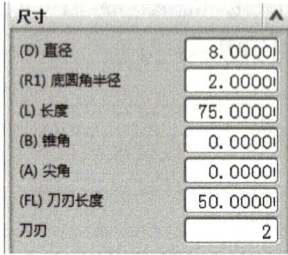

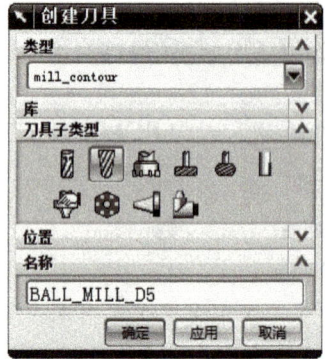

图 2-2-13

图 2-2-14

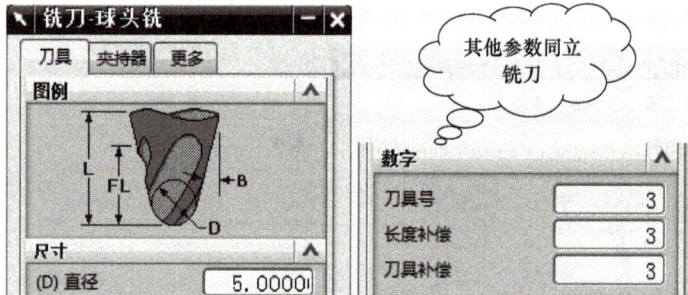

图 2-2-15

4. 创建操作

（1）创建平面铣（mill_planar）精加工操作 单击【插入】工具条中的【创建操作】按钮 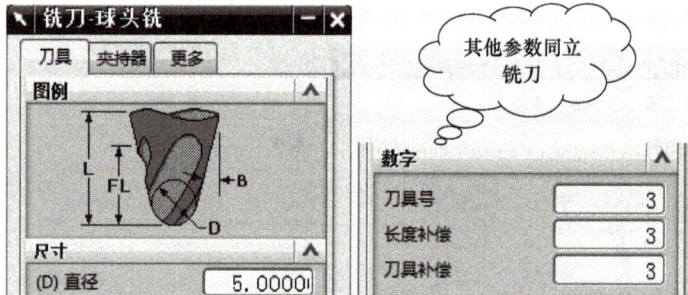，打开图2-2-16所示的【创建操作】对话框。在【类型】下拉列表框中选择【mill_planar】，单击选中【操作子类型】中的【FACE_MILLING】 。在【位置】选项组的【程序】下拉列表框中选择【PROGRAM】选项，在【刀具】下拉列表框中选择【MILL_D8R0】选项，在【几何体】下拉列表框中选择【WORKPIECE】选项，在【方法】下拉列表框中选择【MILL_FINISH】选项，在【名称】文本框中输入"FACE_MILLING_1"。单击【确定】按钮，打开图2-2-17所示的【平面铣】对话框。

在【几何体】选项组中单击【选择或编辑面几何体】按钮 ，打开【指定面几何体】对话框。单击【过滤器类型】下的【曲线边界】按钮 ，根据提示依次选择模型的周边，如图2-2-18所示。

点选【平面】下的【手动】选项，打开【平面】对话框，在【主平面】文本框中输入

【10mm】，单击【对象表面】按钮🔘后点选零件模型上表面，如图 2-2-19 所示。单击【确定】按钮，完成【指定面边界】选择。

图　2-2-16

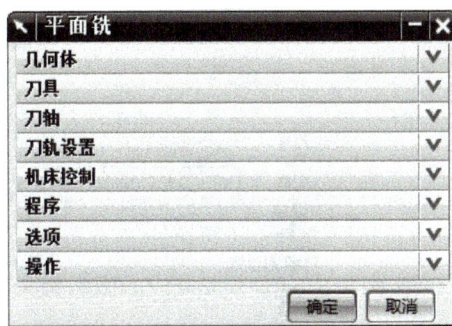

图　2-2-17

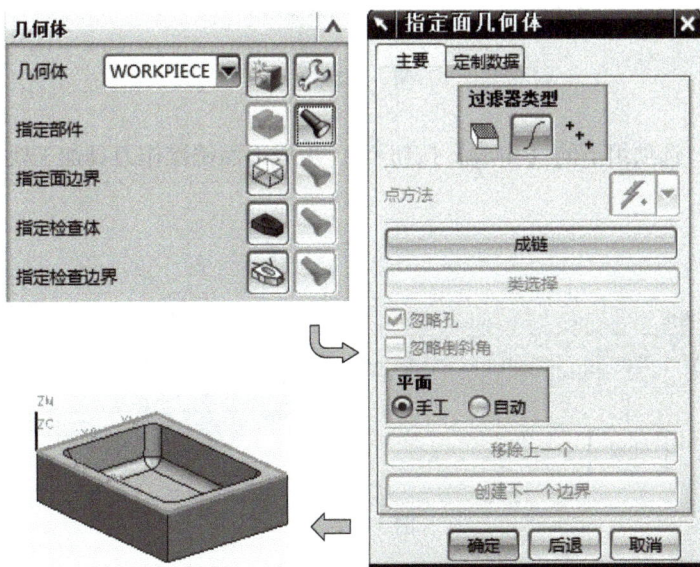

图　2-2-18

【刀具】、【刀轴】、【刀轨设置】选项按照图 2-2-20 所示设置，其余选项使用默认值。

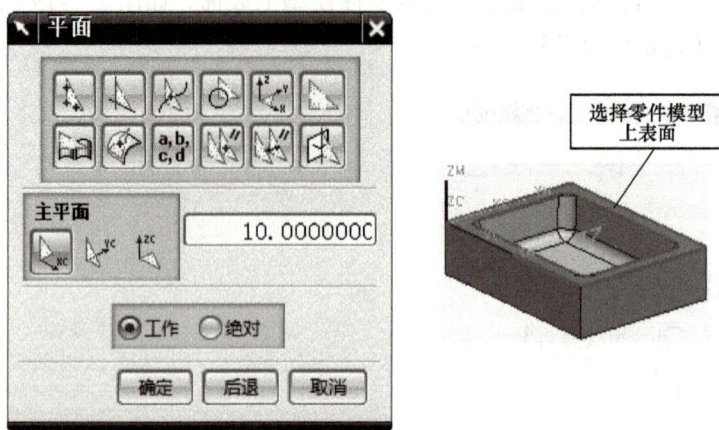

图 2-2-19

图 2-2-20

单击【操作】选项组下的【生成】按钮 ，生成平面铣操作刀具加工轨迹，如图 2-2-21 所示。

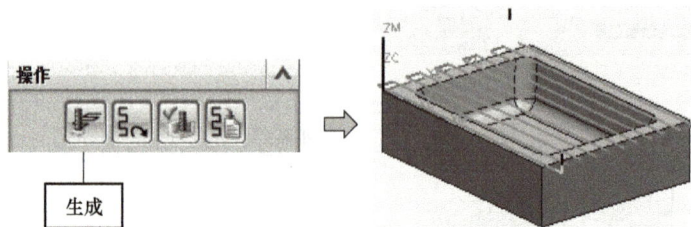

图 2-2-21

单击【操作】选项组下的【确认】按钮 ，打开图 2-2-22 所示的【刀轨可视化】对话框，单击【3D 动态】选项卡，通过调节【动画速度】滑块位置来控制模拟显示的速度。单击播放按钮 ，开始模拟仿真，仿真结果如图 2-2-23 所示。

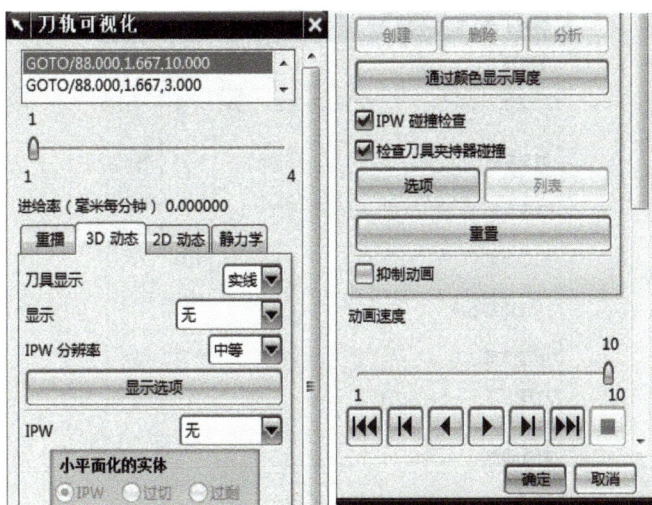

图　2-2-22

（2）创建型腔铣（mill_contour）粗加工操作　单击【插入】工具条中的【创建操作】按钮，打开【创建操作】对话框，如图 2-2-24 所示。在【类型】下拉列表框中选择【mill_contour】选项，单击选择【操作子类型】中的【CAVITY_MILL】。在【位置】选项组的【程序】下拉列表框中选择【PROGRAM】选项，在【刀具】下拉列表框中选择【MILL_D8R2】选项，在【几何体】下拉列表框中选择【WORKPIECE】选项，在【方法】下拉列表框中选择【MILL_ROUGH】选项，在【名称】文本框中输入"CAVITY_MILL_D8R2"。单

图　2-2-23

击【确定】按钮，打开【型腔铣】对话框，参照图 2-2-25 设置各参数选项。单击【操作】选项组下的【生成】按钮，生成图 2-2-26 所示型腔铣操作刀具加工轨迹。

图　2-2-24

图 2-2-25

单击【操作】选项组下的【确认】按钮，打开图 2-2-27 所示【刀轨可视化】对话框，单击【3D 动态】选项卡，通过调节【动画速度】滑块位置来控制模拟显示的速度。单击播放按钮，进行模拟仿真，仿真结果如图 2-2-28 所示。

（3）创建型腔铣（mill_contour）精加工操作　单击【插入】工具条中的【创建操作】按钮，打开【创建操作】对话框，如图 2-2-29 所示。在【类型】下拉列表框中选择【mill_contour】选项，单击选中【操作子类型】中的【CAVITY_MILL】。在【位置】选项组的【程序】下拉列表框中选择【PROGRAM】选项，在【刀具】下拉列表框中选择【BALL_MILL_D5】选项，在【几何体】下拉列表框中选择【WORKPIECE】选项，在【方法】下拉列表框中选择【MILL_FINISH】选项，在【名称】文本框中输入"CAVITY_MILL_

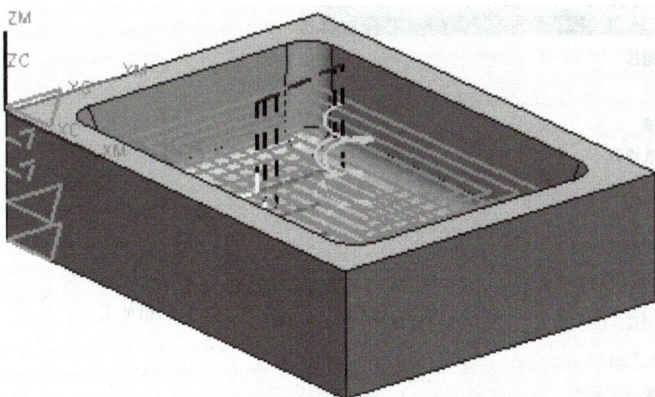

图　2-2-26

图　2-2-27

D5"。单击【确定】按钮，打开【型腔铣】对话框，参照如图 2-2-30 所示设置各参数选项。单击【操作】下的【生成】按钮，生成【型腔铣】操作刀具加工轨迹。

图　2-2-28

图　2-2-29

图 2-2-30

单击【操作】选项组下的【确认】按钮 ，打开【刀轨可视化】对话框，选项设置同型腔铣粗加工。单击播放按钮 ，开始模拟仿真，仿真结果如图 2-2-31 所示。

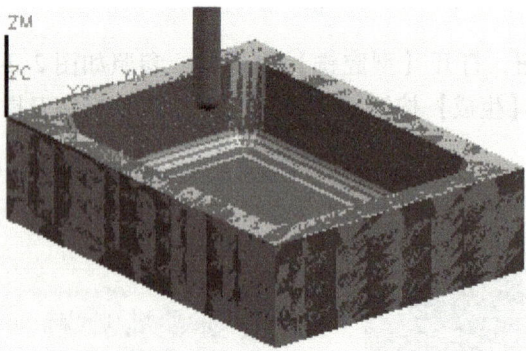

图 2-2-31

小贴士：

在 UG NX 6.0 下创建的操作在【操作导航器】各个视图内都会有记录显示，根据创建操作时的选择分属在不同的目录，如图 2-2-32 所示。如果需要对已创建的操作进行相关操作，可以在选定的操作上单击鼠标右键，然后在弹出的快捷菜单中选择需要的操作命令，进行操作，如图 2-2-33 所示。

图　2-2-32

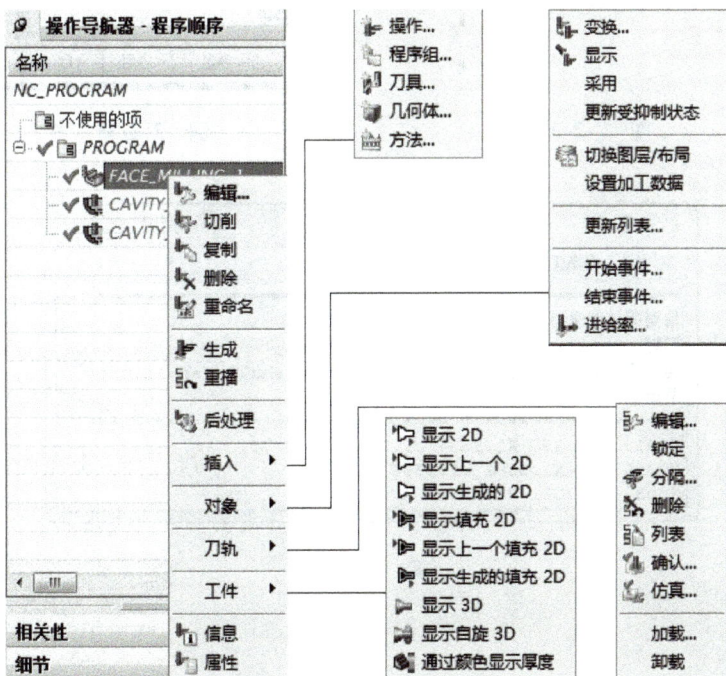

图　2-2-33

5. 后置处理

在【操作】工具条上单击【后处理】图标，或者单击【导航器】工具上的【程序顺序视图】按钮，在【操作导航器-程序顺序】栏内单击选中操作【CAVITY_MILL_D8R2】（图2-2-34），单击鼠标右键，在弹出的快捷菜单中选择【后处理】命令，打开图2-2-35所示的【后处理】对话框。

在【后处理】对话框中的【后处理器】列表框中选择合适的后处理器，在【输出文件】选项中的【文件名】文本框中指定输出文件名。

单击【确定】按钮，完成后处理操作并打开图2-2-36所示【信息】窗口。

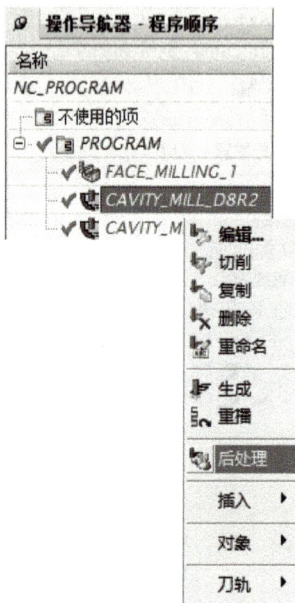

图 2-2-34

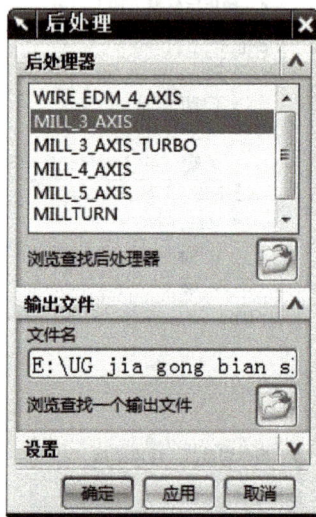

图 2-2-35

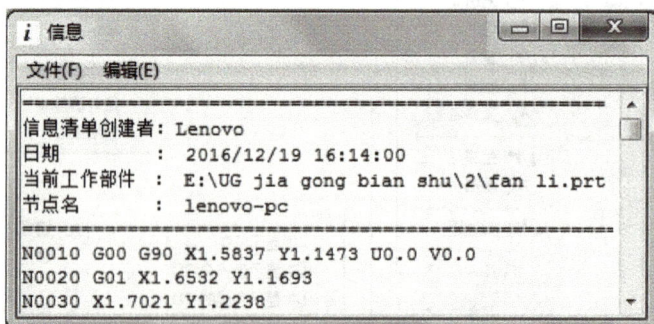

图 2-2-36

练一练

创建图2-2-37所示程序组、几何体、刀具组，并以modle_1为文件名保存。

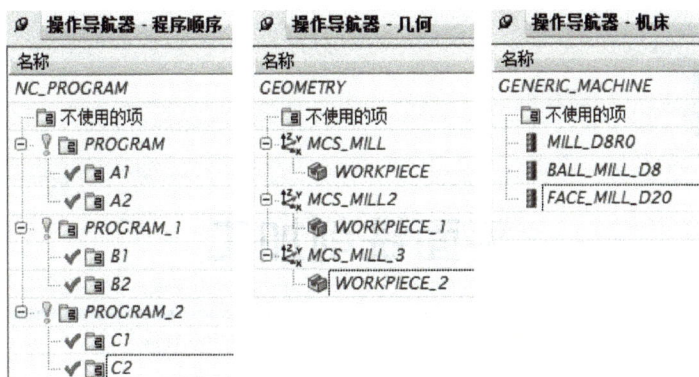

图　2-2-37

💡 小技巧

　　创建类型相同的程序、几何体和刀具时，可以充分利用右键菜单中的复制、粘贴、内部粘贴和编辑等功能更改相关的参数选项，用以创建不同的程序、几何体和刀具，从而提高编程效率。

💡 注意事项

　　1. 创建不同的程序和几何体时，需要充分考虑零件加工工艺，正确进行分组，使生成的车间文档条理清晰、一目了然。

　　2. 创建几何体时，根据具体的加工内容创建合理的几何体，必要时需要利用曲面等功能对零件模型进行修补。创建新的、完整的几何体，先对整体进行粗加工或精加工，再对局部结构进行粗加工或精加工。遵循先整体后局部、由粗到精的顺序，从而提高加工质量。

项目三

平面铣削加工

任务一　平面铣削加工基础

任务目标

（1）能概述平面铣削加工操作的类型及适用范围，培养学生的分析、比较能力。

（2）灵活设置平面铣削加工几何体、刀轨等参数选项。

（3）了解创建平面铣削加工操作的基本流程，培养学生的总结归纳能力。

知识链接

（一）概述

mill_planar（铣平面）是 UG NX 6.0 提供的针对平面加工的操作模块，其包含了 15 种操作子类型，见表 3-1-1。

表　3-1-1

图　标	英 文 名 称	中 文 名 称	说　　　明
	FACE_MILLING_AREA	表面区域铣	以面定义切削区域的表面铣
	FACE_MILLING	面铣	用于加工表面几何体
	FACE_MILLING_MANUAL	表面手动铣	切削方法默认设置为手动的表面铣
	PLANAR_MILL	平面铣	用平面边界定义切削区域，切削到底平面
	PLANAR _RPOFILE	平面轮廓铣	默认切削方法为轮廓铣削的平面铣
	ROUGH_FOLLOW	跟随零件粗铣	默认切削方法为跟随零件切削的平面铣

（续）

图　标	英文名称	中文名称	说　　明
	ROUGH_ZIGZAG	往复式粗铣	默认切削方法为往复式切削的平面铣
	ROUGH_ZIG	单向粗铣	默认切削方法为单向切削的平面铣
	CLEANUP_CORNERS	清理拐角	与平面铣基本相同
	FINISH_WALLS	精铣侧壁	默认切削方法为轮廓铣削，默认深度为只有底面的平面铣
	FINISH_FLOOR	精铣底面	默认切削方法为跟随零件铣削，默认深度为只有底面的平面铣
	THREAD_MILLING	螺纹铣	建立加工螺纹的操作
	PLANAR_TEXT	文本铣削	对文字曲线进行雕刻加工
	MILL_CONTROL	机床控制	建立机床控制操作，添加相关后处理命令
	MILL_USER	自定义方式	自定义参数建立操作

　　PLANAR_MILL（平面铣）是 UG NX 6.0 提供的 2.5 轴加工的操作，隶属于 mill_planar（铣平面）操作类型，是应用最多的操作子类型之一。通过定义边界，在选定平面范围内创建刀具加工轨迹。平面铣用来加工侧壁与底面垂直的零件。此类零件可以有岛屿或型腔，但岛屿面和型腔底面必须是平面，如台阶平面、底平面、轮廓外形、型芯和型腔的基准平面等，如图 3-1-1 所示。

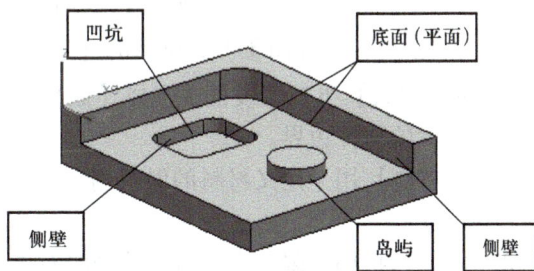

图　3-1-1

小贴士：

　　因为平面铣属于固定轴铣削加工，加工过程中刀具轴线方向相对工件不发生变化，所以，平面铣只能对侧面与底面垂直的部位进行加工，而不能加工零件中侧面与底面不垂直的部位。

（二）平面铣操作的创建方法

1. 创建平面铣操作

　　在【插入】工具条中单击【创建操作】按钮 ，打开图 3-1-2 所示的【创建操作】对话框。

在对话框内选择合适的【类型】、【操作子类型】和【位置】，并输入操作名称或者直接使用系统默认的名称，单击【确定】按钮或【应用】按钮后打开图 3-1-3 所示的【平面铣】对话框。

小贴士：

平面铣操作【程序】、【刀具】、【几何体】和【方法】下拉列表框中的选项可以通过单击【插入】工具条中的【创建程序】、【创建刀具】、【创建几何体】和【创建方法】等工具来创建，也可以在【创建操作】对话框中重新定义。二者区别在于，前者创建的【程序】、【刀具】、【几何体】和【方法】等都是全局对象，每一个操作都可以使用，而后者创建的是局部对象，只能在当前操作内使用，其他操作不能使用。

2. 定义几何体

（1）几何体 用户在定义几何体时，可以采用以下三种方法：

1）在【创建操作】对话框（图 3-1-2）的【位置】→【几何体】下拉列表框中选择。

图 3-1-2

2）在【平面铣】对话框的【几何体】下拉列表框中选择，如图 3-1-3 所示。

3）在【平面铣】对话框中单击【新建几何体】按钮，打开【新几何体】对话框，开始新建几何体；或者单击【编辑几何体】按钮，打开【Mill Orient】对话框，用户在此编辑几何体，如图 3-1-4 所示。

（2）指定部件边界 在【平面铣】对话框的【几何体】选项组中单击【选择或编辑部件边界】按钮 ，打开图 3-1-5 所示的【边界几何体】对话框。

1）在【模式】下拉列表框中选择【面】选项，单击零件模型上的选定面后，定义得到图 3-1-6 所示的部件边界。

①【材料侧】用于定义材料的保留侧，当边界封闭时可定义为内部或外部，如图 3-1-7 所示。

②【面选择】用于限制在进行面选择时对选定对象的筛选。

勾选【忽略孔】，在创建边界时，系统将忽略选定平面上孔的边缘，即不在选定平面内的孔的边缘上生成边界，如图 3-1-8 所示。

勾选【忽略岛】，在创建边界时，系统将忽略选定平面上岛屿的边缘，即不在选定平面内岛屿的边缘上生成边界，如图 3-1-9 所示。

勾选【忽略倒斜角】，在创建边界时，系统将忽略与选定平面邻接的斜角、圆角和圆面等，即生成的边界将包括与选定平面邻接的斜角、圆角和圆面等，将其所属范围纳入边界之内，如图 3-1-10 所示。

同时勾选【忽略孔】、【忽略岛】和【忽略倒斜角】，得到图 3-1-11 所示的边界。

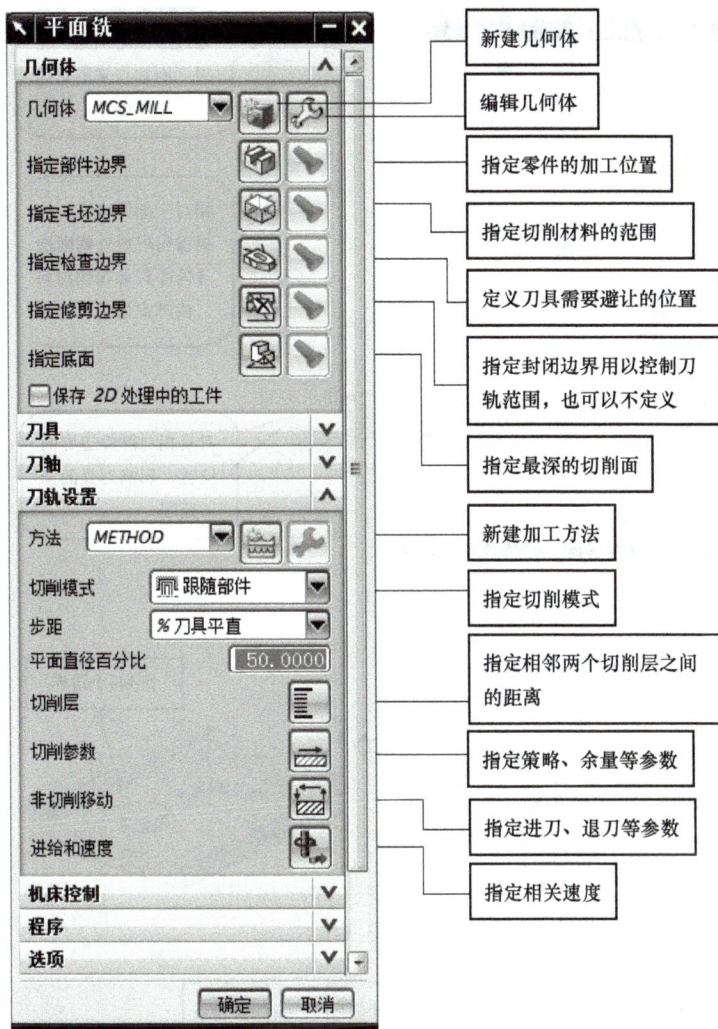

图 3-1-3

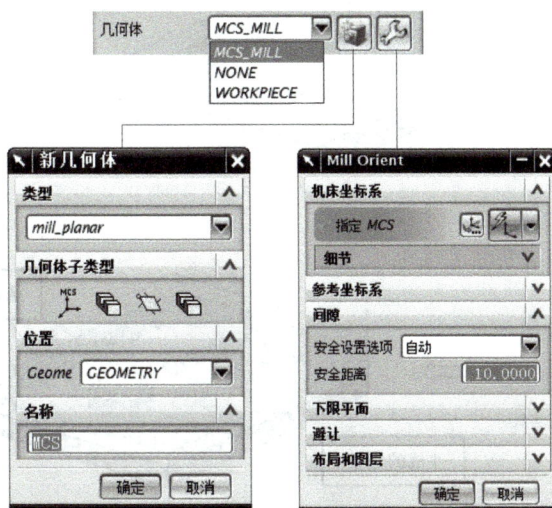

图 3-1-4

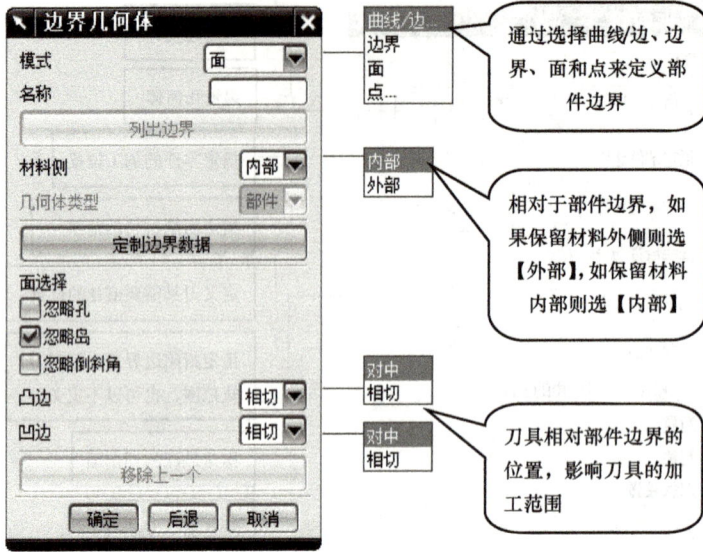

图 3-1-5

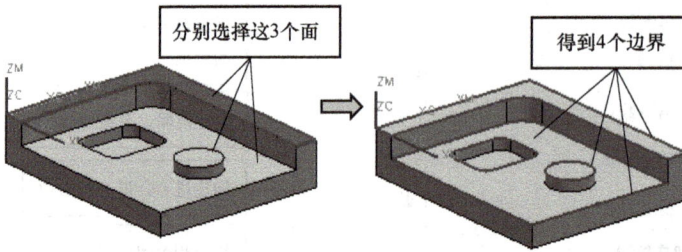

图 3-1-6

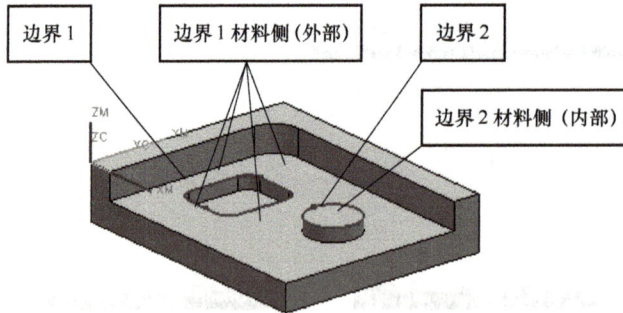

图 3-1-7

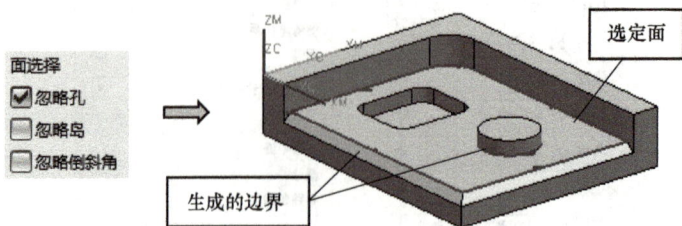

图 3-1-8

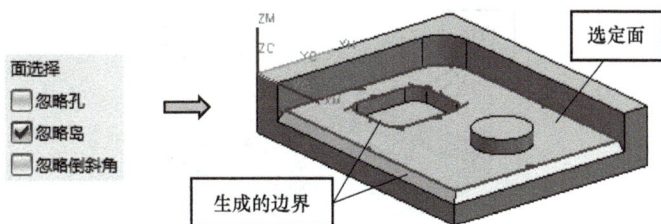

图　3-1-9

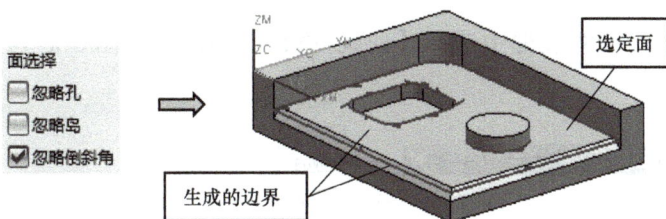

图　3-1-10

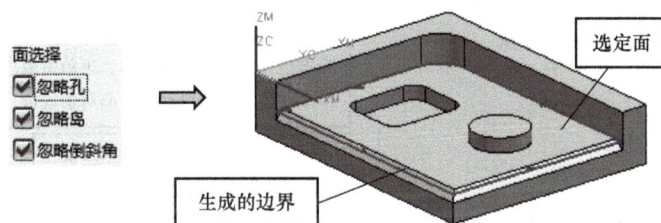

图　3-1-11

③【凸边】用来控制刀具相对用户选定平面上凸边的位置，如图 3-1-12 所示。

【凸边】下拉列表框中包括【相切】和【对中】两个选项。选择【相切】时，指定刀具在用户所选择的平面上相切于边界，即刀具与凸边相切。选择【对中】时，指定在用户所选择的平面上刀具中心位于边界上，即刀具中心位于凸边上。

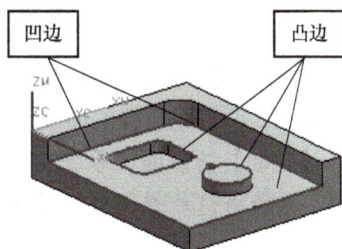

④【凹边】用来控制刀具相对用户选择平面上凹边的位置，如图 3-1-12 所示。

图　3-1-12

【凹边】下拉列表框中包括【相切】和【对中】两个选项。选择【相切】时，指定刀具在用户所选择的平面上相切于边界，即刀具与凹边相切。选择【对中】时，指定在用户所选择的平面上，刀具中心位于边界上，即刀具中心位于凹边上。

小贴士：

在【凸边】与【凹边】下拉列表框中，系统均默认选择【相切】选项，指定刀具与凸边、凹边相切。用户应根据零件加工的实际情况来选择刀具相对于凸边、凹边的位置（图 3-1-13），以保证切削的正确进行。

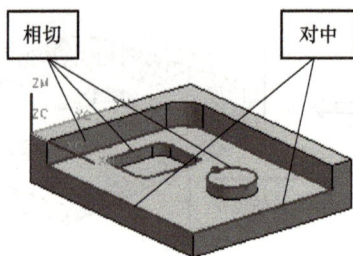

图 3-1-13

2）在【模式】下拉列表框中选择【曲线/边】选项，打开图 3-1-14 所示的【创建边界】对话框。

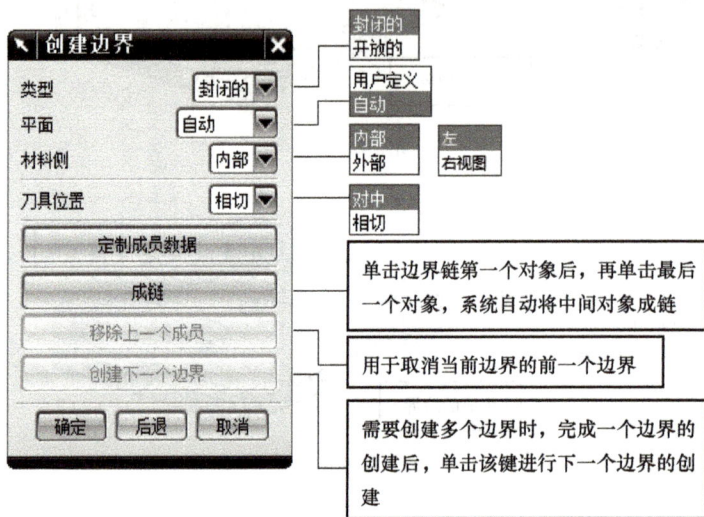

图 3-1-14

① 边界【类型】包括【封闭的】和【开放的】两种，如图 3-1-15 所示。

② 投影【平面】包括【自动】和【用户定义】两种方式。所有边界都是二维的，在同一个平面上，而创建边界的曲线、边、点等可以在不同的平面上，此时就需要定义投影平面。当选择【自动】方式时，系统将根据前面选择的曲线或点来建立平面。当选择【用户定义】方式时，系统将打开图 3-1-16 所示的【平面】对话框，用户根据需要选择合适的平面进行定义。

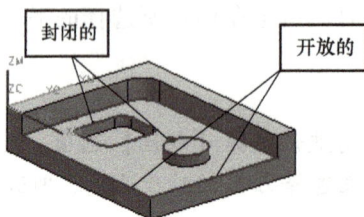

图 3-1-15

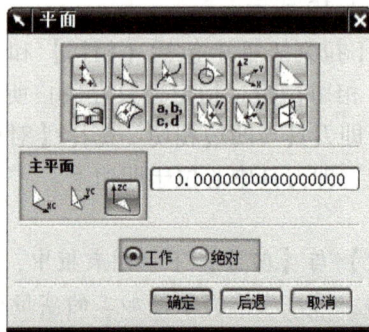

图 3-1-16

③【材料侧】是指用户需要保留的材料在所定义边界的哪一侧，分两种情况。边界类型选择【封闭的】时【材料侧】有【内部】和【外部】两个选项，边界类型选择【开放的】时【材料侧】有【左】和【右视图】两个选项。

【内部】指定保留边界内部的材料，切削区域位于边界的外部，如图 3-1-17 所示。

【外部】指定保留边界外部的材料，切削区域位于边界的内部，如图 3-1-17 所示。

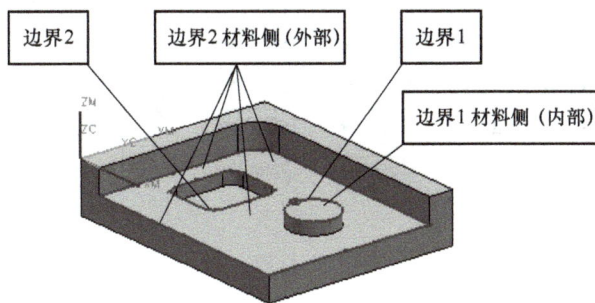

图 3-1-17

【左】指定沿走刀方向，保留边界左侧的材料，切削区域位于边界的右侧，如图 3-1-18 所示边界 1 和走刀方向 1。

【右视图】指定沿走刀方向，保留边界右侧的材料，切削区域位于边界的左侧，如图 3-1-18 所示边界 2 和走刀方向 2。

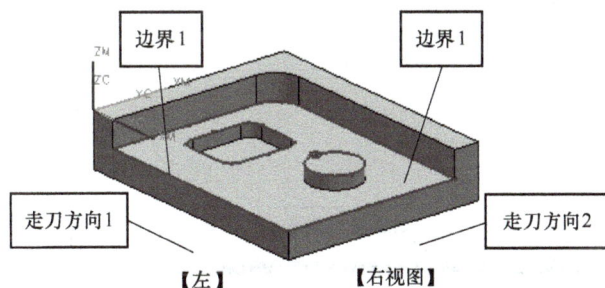

图 3-1-18

④【刀具位置】用于定义刀具与边界的位置关系，方式及选择同【模式】→【面】选项。不同的选择方式下所生成的边界如图 3-1-19 所示。

3）在【模式】下拉列表框中选择【点】选项，打开图 3-1-20 所示的【创建边界】对话框。用户通过选择零件模型上点的方式来创建边界，如图 3-1-21 所示。

4）在【模式】下拉列表框中选择【边界】选项，【列出边界】按钮被激活，其他选项转为灰色，如图 3-1-22 所示。

用户单击【列出边界】按钮，然后在列表框中选择合适的边界作为部件边界。

如果模型中不存在边界，系统打开图 3-1-23 所示的【Message】窗口，提示"本部件中无边界"。用户需要通过其他方式指定部件边界。

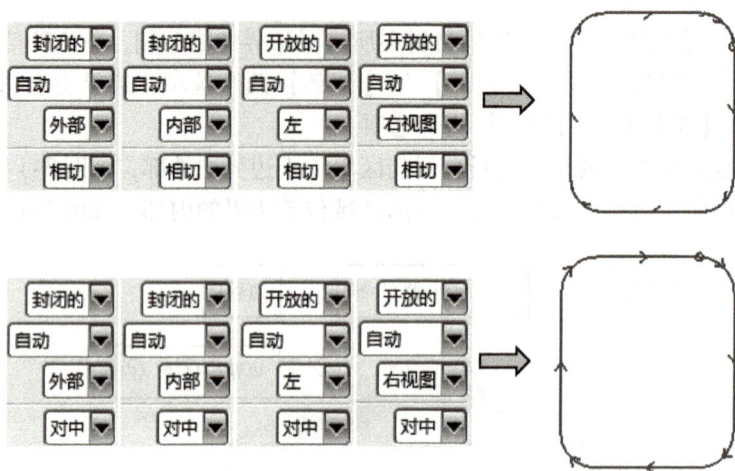

图 3-1-19

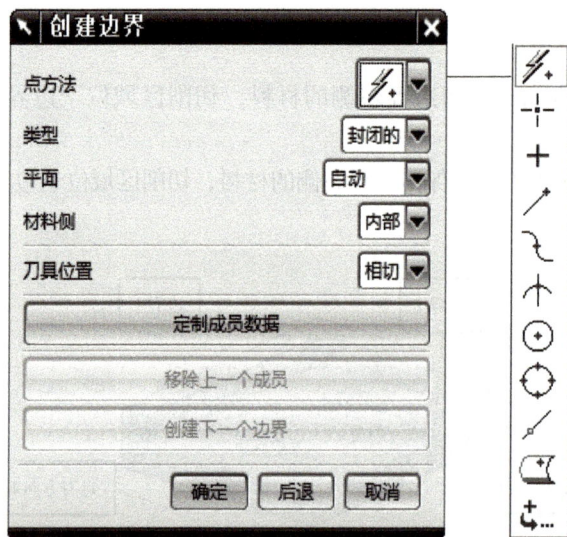

图 3-1-20

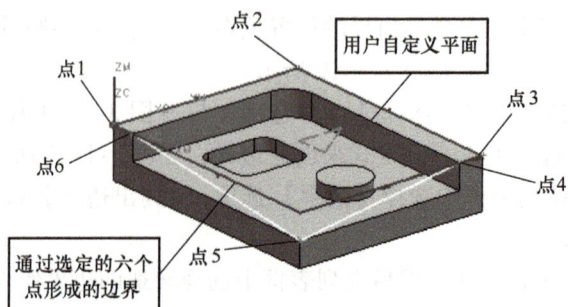

图 3-1-21

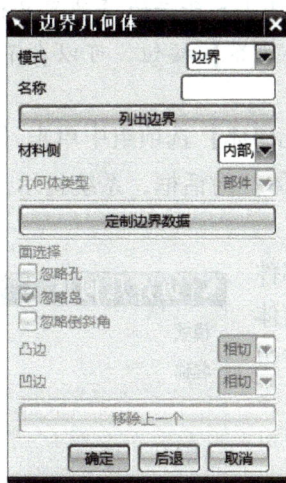

图　3-1-22

图　3-1-23

5）编辑边界。完成部件边界的指定后，单击【确定】按钮，返回【创建操作】对话框，【显示】按钮 变亮。用户可以单击【显示】按钮查看部件边界，如图 3-1-24 所示。单击【选择或编辑部件边界】按钮 ，打开图 3-1-25 所示的【编辑边界】对话框，用户可在对话框中对边界进行编辑。

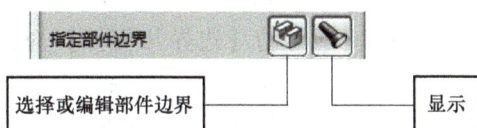

图　3-1-24

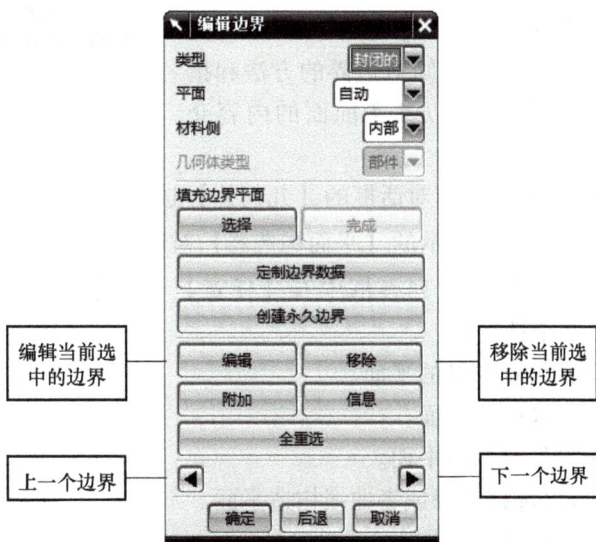

图　3-1-25

小贴士：

打开【编辑边界】对话框后，系统自动选中一个边界，该边界以橙色高显。单击【编辑】按钮，打开对话框，对选中边界相对于刀具的位置关系进行编辑。单击【移除】按钮，可以删除当前选中边界。单击【附加】按钮，打开图 3-1-5 所示的【边界几何体】对话框，可以添加部件边界。单击【上一个边界】或【下一个边界】按钮，可以在不同边界间进行切换。

（3）指定毛坯边界　在【平面铣】对话框的【几何体】选项组中单击【选择或编辑毛坯边界】按钮，打开图 3-1-26 所示的【边界几何体】对话框，系统提示"毛坯边界"→"选择面"。

指定毛坯边界的【边界几何体】对话框与指定部件边界的【边界几何体】对话框基本相同，只是【几何体类型】下拉列表框中显示【毛坯】选项，而指定部件边界的【边界几何体】对话框中显示为【部件】选项。指定毛坯边界的方法和指定部件边界的方法相同，用户可以参考前面的内容介绍，在此不再赘述。

（4）指定检查边界　在【平面铣】对话框的【几何体】选项组中单击【选择或编辑检查边界】按钮，打开图 3-1-26 所示的【边界几何体】对话框，系统提示"检查边界"→"选择面"。指定检查边界的方法与指定部件边界的方法相同，用户可以参考前面的内容介绍，在这里不再赘述。

（5）指定修剪边界　在【平面铣】对话框的【几何体】选项组中单击【选择或编辑修剪边界】按钮，打开图 3-1-26 所示的【边界几何体】对话框，系统提示"修剪边界"→"选择面"。指定修剪边界的方法和指定部件边界的方法相同，用户可以参考前面的内容介绍，在这里不再赘述。

图　3-1-26

（6）指定底面　在【平面铣】对话框的【几何体】选项组中单击【选择或编辑底面几何体】按钮，打开图 3-1-27 所示的【平面构造器】对话框，系统提示用户"底平面"。

1）过滤器。【过滤器】下拉列表框中有【任意】、【点】、【矢量】、【边缘/曲线】、【面】和【基准平面】六个选项。

任意：用户可以选择任意类型的平面。

点：用户可以选择点来构造平面。

矢量：用户可以选择矢量构造平面。

边缘/曲线：用户可以选择边缘或者曲线构造平面。

面：用户可以选择已有的面作为底面。

基准平面：用户可以选择一个基准平面作为底面。

2）偏置。用于指定平面的偏置距离。当用户通过点、曲线和边缘构造一个平面后，如果底面与所构造平面相距一定的距离，则可以在【偏置】文本框中输入偏置距离。

3）选定的约束。用来显示用户选定的约束。

4）平面子功能。单击【平面子功能】按钮，系统打开图 3-1-28 所示的【平面】对话

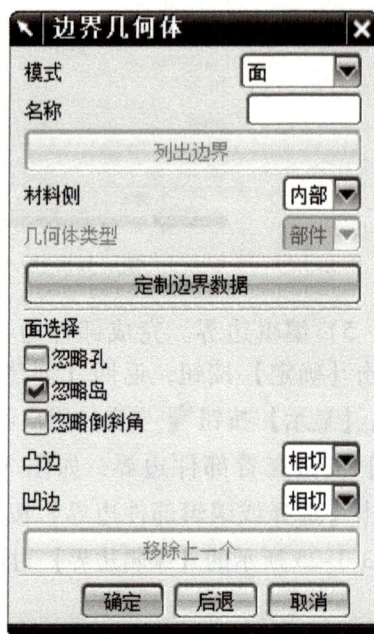

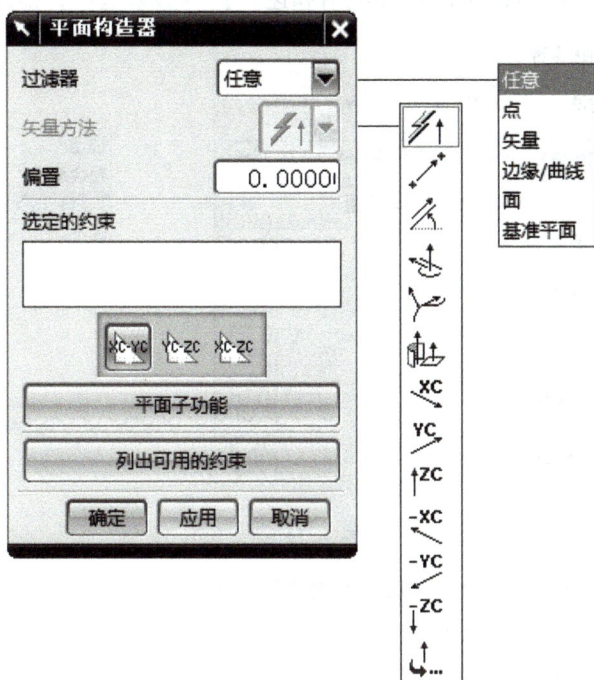

图 3-1-27

框，系统提示用户【选择平面方法或输入常值并返回】，用户可以通过平面子功能定义一个平面作为底面。

5）重新选择底面。如果指定的底面不能满足加工要求，用户还可以重新选择底面。单击【选择或编辑底平面几何体】按钮，打开图 3-1-29 所示的【重新选择】窗口。单击【确定】按钮，打开【平面构造器】对话框，用户可以根据要求重新指定一个平面。

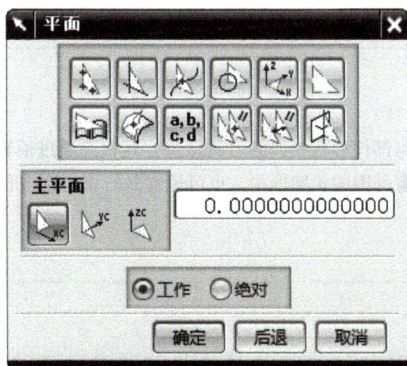

图 3-1-28

图 3-1-29

3. 刀轨设置

【刀轨设置】选项组包含【方法】、【切削模式】、【步距】、【平面直径百分比】、【切削层】、【切削参数】、【非切削移动】和【进给和速度】等参数选项，如图3-1-30所示。

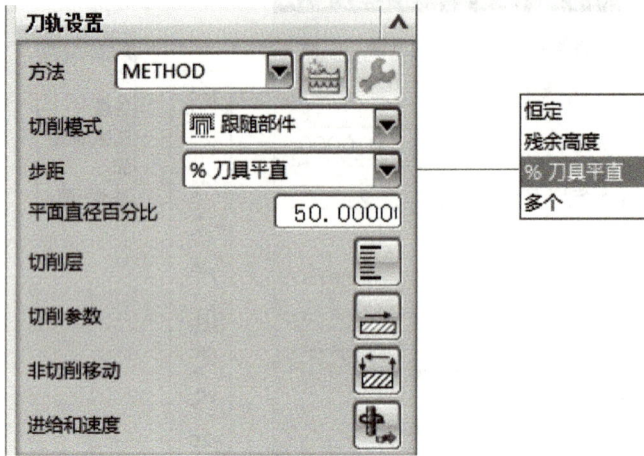

图 3-1-30

（1）切削模式　切削模式主要有【跟随部件】、【跟随周边】、【配置文件】、【标准驱动】、【摆线】、【单向】、【往复】和【单向轮廓】8种，其具体刀具轨迹形式及说明见表3-1-2，用户可以根据需要选择合适的切削模式。

小贴士：

用户选择切削模式时，应在保证加工质量和提高加工效率的前提下进行选择。

表 3-1-2

切削模式	刀具轨迹形式	说　明
跟随部件		能够生成一些与轮廓形状相似且同心的刀具轨迹。在切削过程中能够维持持续的进刀，切削加工效率比较高，通常用于一些零件的粗加工
跟随周边		能够生成一些与部件形状相似的刀具轨迹。其轨迹通过偏置部件形状得到。既可偏置外围的轮廓形状，也可偏置岛屿和内腔的形状
配置文件		刀具只沿着轮廓进行切削，一般用于精加工或者半精加工零件的侧壁和外形轮廓

（续）

切削模式	刀具轨迹形式	说　明
标准驱动		用于生成一条或者多条沿轮廓切削的刀具轨迹。生成的刀具轨迹允许彼此相交，因此适用于雕花、刻字等轨迹重叠或者相交的铣削加工操作
摆线		能够生成一些回转的小圆圈刀具轨迹，避免刀具在切削材料时发生过切现象。切削时刀具负载比较均匀，一般用于高速加工
单向		能够生成一些平行且单向的刀具轨迹，但刀具轨迹不沿部件轮廓延伸。每一次铣削过程中都有抬刀过程，且在抬刀过程中刀具不切削材料，因此切削加工效率比较低。通常用于岛屿、表面的精加工和一些不适合往复切削模式的零件加工
往复		能够生成一些平行往复式的刀具轨迹，刀具轨迹连续，在切削加工过程中没有抬刀运动，因此切削加工效率比较高，经常用于形状比较规则的内腔的粗加工
单向轮廓		能够生成一些平行单向的刀具轨迹，刀具轨迹沿着部件轮廓。每次铣削过程中都有抬刀运动，在行间运动时会产生切削运动，因此加工质量比往复方式和单向方式好，通常用于加工薄壁零件等

（2）步距　步距指两个刀具轨迹之间的间隔距离。【步距】下拉列表框中有【恒定】、【残余高度】、【%刀具平直】和【多个】四个选项。

1）恒定。选择【恒定】选项，指定刀具的步距距离为一个恒定值。此时【步距】下拉列表框下方显示一个【距离】文本框，用户可以在【距离】文本框中输入刀具的步距距离，如图 3-1-31 所示。

2）残余高度。残余高度指刀具在切削过程中残留在切削区域中的材料的最大高度。选择【残余高度】选项，系统将根据残余高度计算刀具的步距距离。此时【步距】下拉列表

图 3-1-31

框下方显示一个【残余高度】文本框，用户可以在【残余高度】文本框中输入允许的最大残余高度，如图 3-1-32 所示。

图 3-1-32

3）% 刀具平直。选择【% 刀具平直】选项，系统将根据刀具直径计算刀具的步距距离。此时【步距】下拉列表框下方显示一个【平面直径百分比】文本框，用户可以在【平面直径百分比】文本框中输入步距占刀具直径的百分比数值，如图 3-1-33 所示。

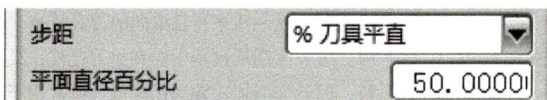

图 3-1-33

小贴士：

【% 刀具平直】方式是系统默认的指定刀具步距距离的方式，且系统默认的平面直径百分比为 50，即步距距离为刀具直径的 50%。

4）多个。选择【多个】选项，指定刀具的步距距离是可变的，即刀具轨迹之间的间隔距离是不相同的。选择的切削模式不同，可变步距距离的设置方法也不相同。

① 当切削模式（如往复、单向、单向轮廓）下生成的刀具轨迹为平行线时：用户在【步距】下拉列表框中选择【变量平均值】选项，系统打开图 3-1-34 所示的【最大值】和【最小值】文本框。

图 3-1-34

在【最大值】和【最小值】文本框中分别设置最大步距和最小步距，系统根据切削区域尺寸自动计算步距大小，该步距在用户指定的最大步距和最小步距之间。

② 当切削模式（如跟随周边、跟随部件、摆线、配置文件、标准驱动）下生成的刀具轨迹为环形线时：用户在【步距】下拉列表框中选择【多个】选项，系统打开图 3-1-35 所

示的【列表】选项组。

在列表选项组中，用户可以分别设置多个步距大小及其刀路数。

例如，在【切削模式】下拉列表框中选择【跟随部件】选项，在【可变步距】对话框中设置【刀路数】分别为1、1和1，【距离】大小分别为2mm、4mm和6mm，生成的刀具轨迹如图3-1-36所示。

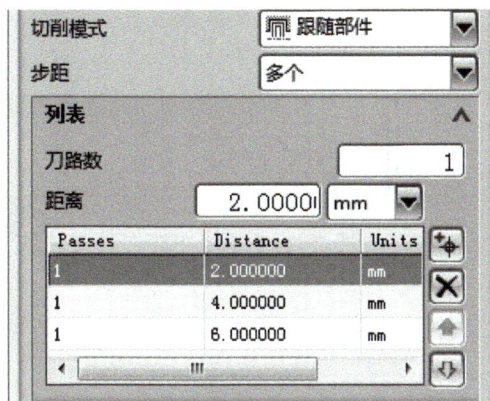

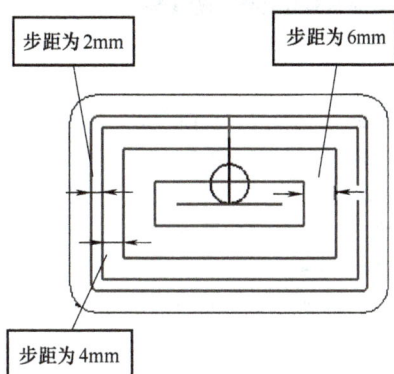

图　3-1-35　　　　　　　　　　　　　　　　图　3-1-36

（3）切削层　在【刀轨设置】选项组中单击【切削层】按钮，打开图3-1-37所示的【切削深度参数】对话框，系统提示用户"设置切削深度参数"。

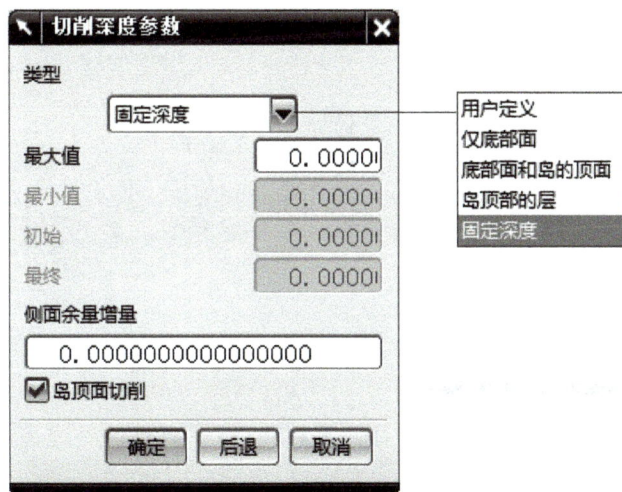

图　3-1-37

在【切削深度参数】对话框的【类型】下拉列表框中包括【用户定义】、【仅底部面】、【底部面和岛的顶面】、【岛顶部的层】和【固定深度】5个选项。

1）用户定义。在【类型】下拉列表框中选择【用户定义】选项，指定切削深度由用户自己定义，如图3-1-38所示。

当设定【最大值】为"3mm"、【最小值】为"0.5mm"时，系统根据当前操作的最大切削深度分别计算 3mm 与 0.5mm 的切削层层数，剩余量将不做切削。

2）仅底部面。在【类型】下拉列表框中选择【仅底部面】选项，指定切削深度仅由底面决定，系统在底面创建一个切削层。这一类型适用于只需要加工底面时使用，如图 3-1-39 所示。

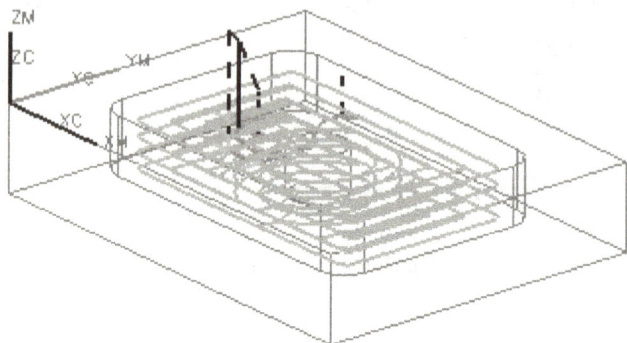

图　3-1-38

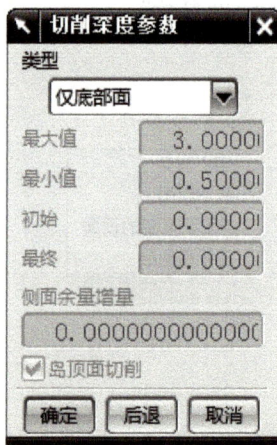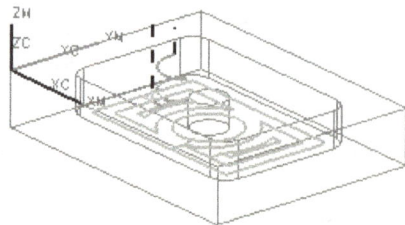

图　3-1-39

3）底部面和岛的顶面。指定切削深度由底面和岛的顶面决定，系统在底面和岛的顶面创建切削层。这一类型适用于只需要加工底面和岛的顶面时使用，如图 3-1-40 所示。

4）岛顶部的层。指定切削深度仅仅由岛的顶面决定，系统在岛的顶面创建一个切削层。这一类型适用于只需要加工岛的顶面时使用，如图 3-1-41 所示。

5）固定深度。切削深度为由用户指定的固定深度，系统根据固定深度生成多个切削层，如图 3-1-42 所示。

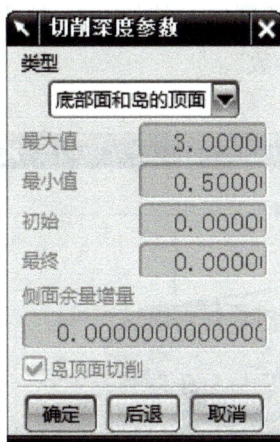
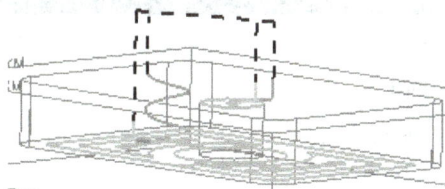

图　3-1-40

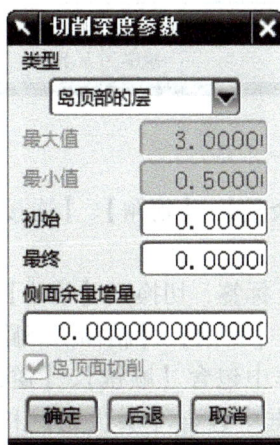
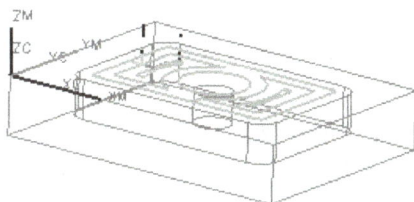

图　3-1-41

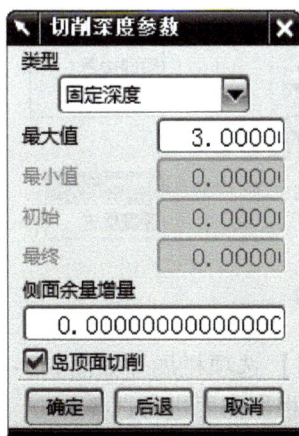
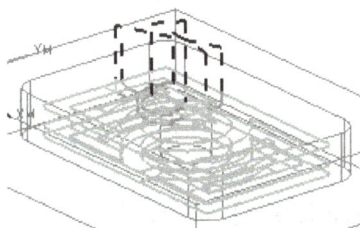

图　3-1-42

（4）切削参数 在【刀轨设置】选项组中单击【切削层】按钮 ，打开图 3-1-43 所示的【切削参数】对话框，系统提示用户"设置切削参数"。

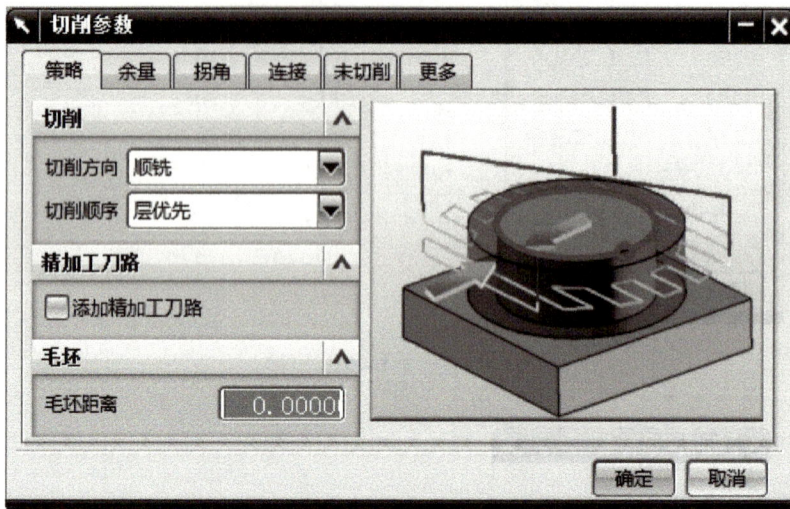

图 3-1-43

在【切削参数】对话框中可以设置【策略】、【余量】、【拐角】、【连接】、【未切削】和【更多】等参数。

1）策略。在【切削参数】对话框中单击【策略】标签，切换到【策略】选项卡，【切削参数】对话框显示如图 3-1-43 所示。用户可以设置【切削】、【精加工刀路】和【毛坯】选项组。如图 3-1-44 所示，【切削方向】下拉列表框中包含【顺铣】、【逆铣】、【跟随边界】和【边界反向】选项。【切削顺序】下拉列表框中包含【层优先】和【深度优先】选项。

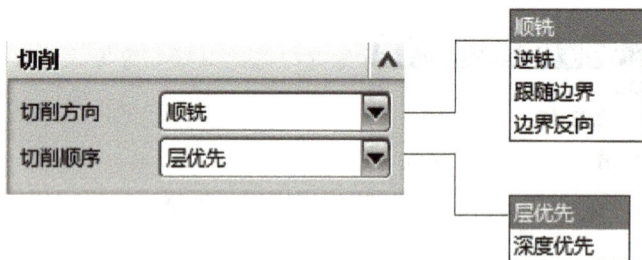

图 3-1-44

勾选【添加精加工刀路】选项，【精加工刀路】选项栏展开如图 3-1-45 所示，精加工步距有【mm】和【% 刀具】两个选项，用户可以根据需要进行选择。

【策略】选项卡中各个选项及选项说明见表 3-1-3，用户可根据具体需要选择合适的选项或输入适合的数值进行切削策略的设置。

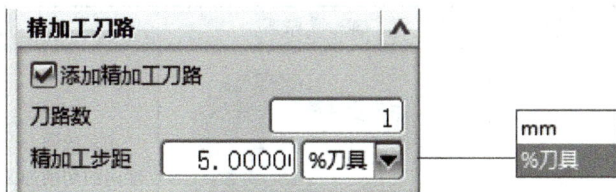

图　3-1-45

表　3-1-3

选项组名称	选项组内容	选项	图　　示	说　　明
切削	切削方向	逆铣		刀具的进给方向与刀具旋转方向的切线方向相反
		顺铣		刀具的进给方向与刀具旋转方向的切线方向相同
		跟随边界		刀具的切削方向与边界成员顺序方向相同
		边界反向		刀具的切削方向与边界成员顺序方向相反
	切削顺序	层优先		先完成上一层所有区域内的切削加工，再进行下一层所有区域内的切削加工

（续）

选项组名称	选项组内容	选项	图　示	说　明
切削	切削顺序	深度优先		先完成同一个切削区域内所有切削深度内的切削加工，再进行下一个切削区域内所有切削深度内的切削加工
	图样方向	向外		指定刀具的切削方向为由内向外。即刀具轨迹的起点在切削区域的内部，终点在切削区域的外部
		向内		指定刀具的切削方向为由外向内。即刀具轨迹的起点在切削区域的外部，终点在切削区域的内部
精加工刀路	刀路数		刀路数 [　1　]	在文本框内输入数值确定刀路数
	精加工步距（% 刀具）		5.0000([%刀具▼]	在文本框内输入数值确定步距
	精加工步距/mm		5.0000([mm ▼]	在文本框内输入数值确定步距
毛坯	毛坯距离		毛坯距离 [0.0000(]	在文本框内输入数值确定毛坯余量

小贴士：

【图样方向】选项只有在选择非【跟随部件】、【配置文件】和【标准驱动】三种切削模式时才会在【策略】选项中显示。即在【跟随部件】、【配置文件】和【标准驱动】三种切削模式下，不需要指定图样方向，系统根据用户指定的部件几何体和加工刀具等参数自动确定图样方向。

2）余量。在【切削参数】对话框中单击【余量】标签，切换到【余量】选项卡，【切削参数】对话框显示如图 3-1-46 所示。各个选项及选项说明见表 3-1-4，用户可以根据要求设置合适的余量及公差数值。

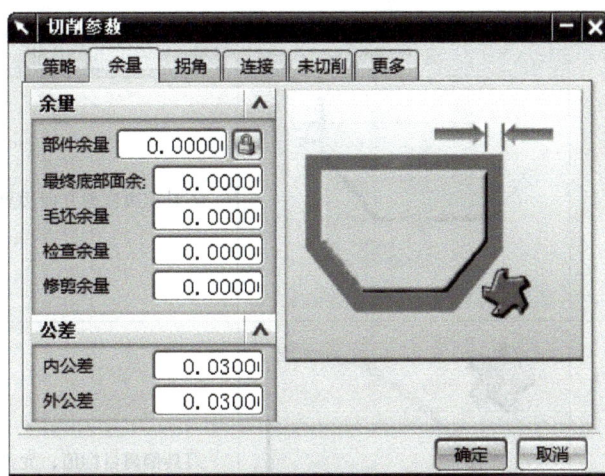

图　3-1-46

表　3-1-4

选项组名称	选项组内容	图　　示	说　　明
余量	部件余量		部件粗加工或者半精加工的切削余量
	最终底部面余量		部件底面粗加工或者半精加工后所留余量
	毛坯余量		刀具偏离已定义毛坯几何体的距离
	检查余量		刀具偏离检查几何边界（如夹具）的距离

（续）

选项组名称	选项组内容	图　　示	说　　明
余量	修剪余量		刀具偏离修剪几何边界的距离
公差	内公差		刀具偏离目标值，允许向内切削工件的最大值
	外公差		刀具偏离目标值，允许向外切削工件的最大值

　　3）拐角。在【切削参数】对话框中单击【拐角】标签，切换到【拐角】选项卡，【切削参数】对话框显示如图 3-1-47 所示。用户可以在【拐角】选项卡中设置【拐角处的刀轨形状】、【圆弧上进给调整】和【拐角处进给减速】等选项组。具体选项及选项说明见表 3-1-5。

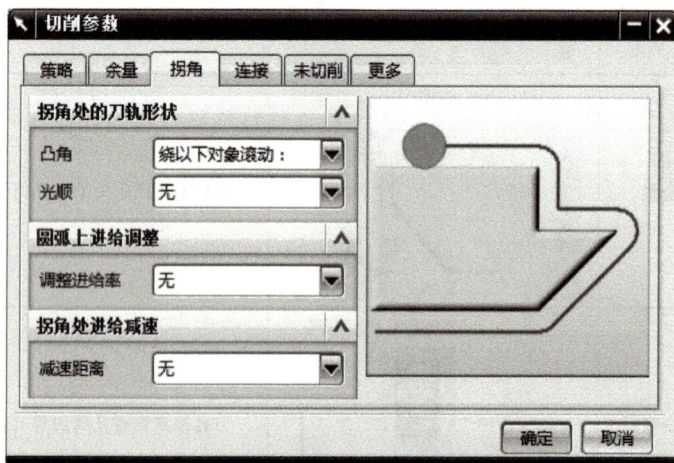

图　3-1-47

表　3-1-5

选项组名称	选项组内容	选　项	图　示	说　明
拐角处的刀轨形状	凸角	绕以下对象滚动:	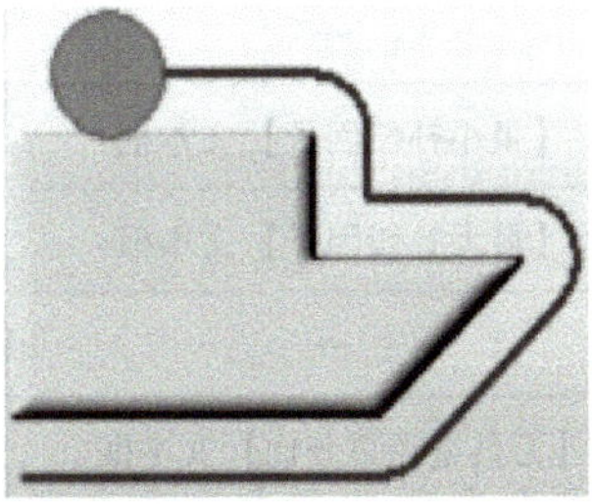	刀具轨迹在所有拐角处以圆角作为过渡
		延伸并修剪	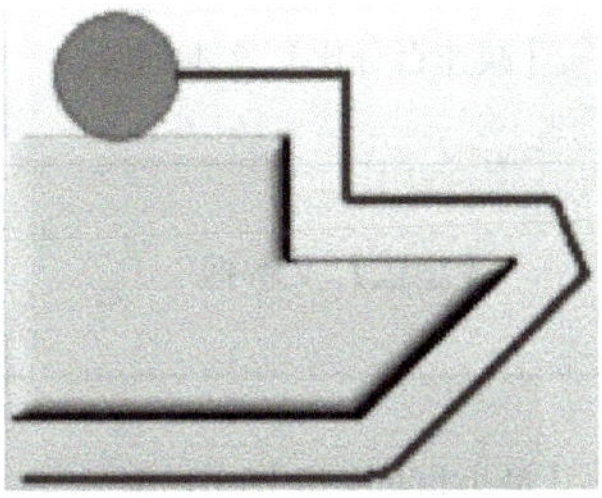	刀具轨迹在小于90°拐角处以折线作为过渡;在大于90°拐角处仍以圆角作为过渡
		延伸	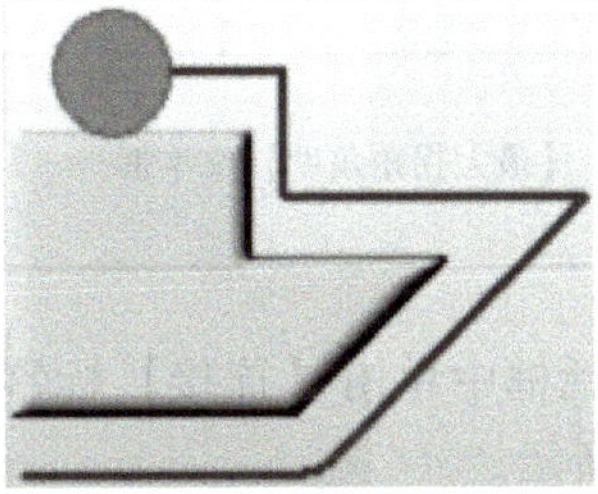	刀具轨迹在小于90°拐角处,以当前轨迹与下一条轨迹延长线的交点作为刀具轨迹的转折点;在大于90°拐角处仍以圆角作为过渡
	光顺	无	—	刀具拐角和步距未应用光顺半径
		所有刀路	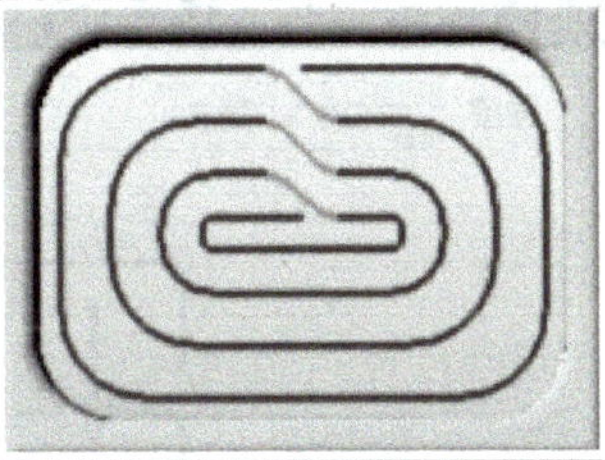	刀具拐角和步距应用光顺半径
		半径	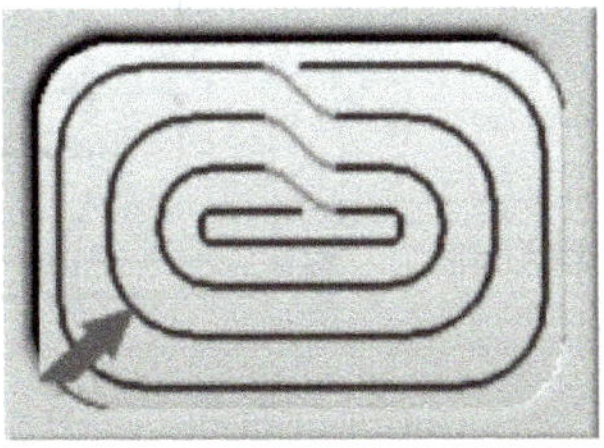	对应文本框中提供光顺圆弧尺寸数值的输入
		步距限制		对应文本框中提供步距最大尺寸数值的输入

（续）

选项组名称	选项组内容	选 项	图 示	说 明
圆弧上进给调整	调整进给率	无	—	不提供进给率的调整
		在所有圆弧上	【最小补偿因子】文本框	提供减小进给率的最小减速因子
			【最大补偿因子】文本框	提供增大进给率的最大加速因子
拐角处进给减速	减速距离	无	—	不提供刀轨中使用的进给率的减速
		当前刀具/上一个刀具	【刀具直径百分比】文本框	使用刀具直径百分比作为减速距离
			【减速百分比】文本框	设置原有进给率的减速百分比，默认值为 10.00
			【步数】文本框	设置应用到进给率的减速步数，默认值为 1.00
			【最小拐角角度】文本框	设置识别为拐角的最小角度，默认值为 0.00
			【最大拐角角度】文本框	设置识别为拐角的最大角度，默认值为 175.00

4）连接。在【切削参数】对话框中单击【连接】标签，切换到【连接】选项卡，【切削参数】对话框显示如图 3-1-48 所示。

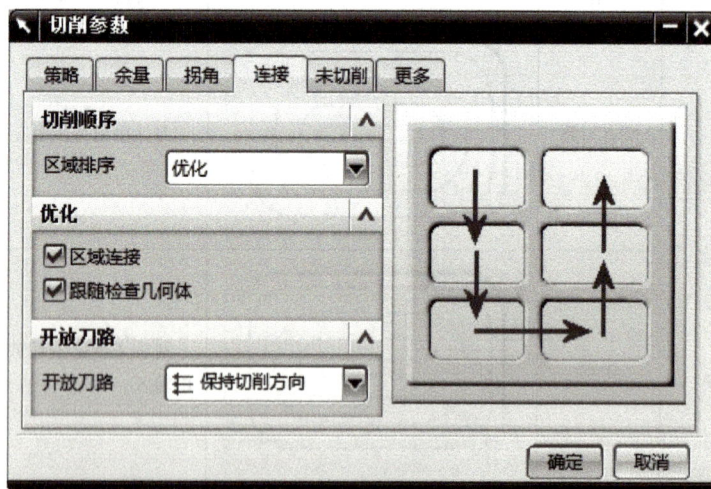

图 **3-1-48**

在【切削参数】对话框中的【连接】选项卡内，用户可以设置【切削顺序】、【优化】和【开放刀路】等选项组。具体选项及选项说明见表 3-1-6。

表 3-1-6

选项组名称	选项组内容	选 项	图 示	说 明
切削顺序	区域排序	标准	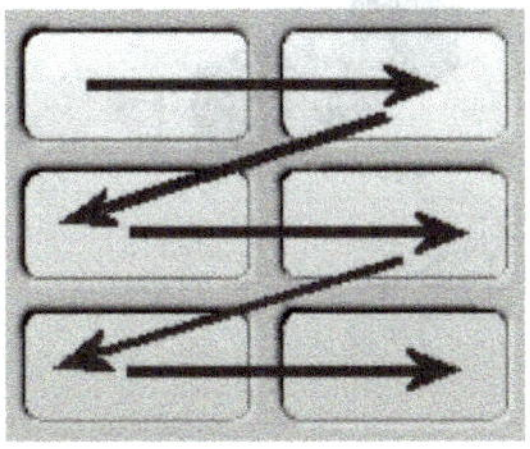	指定切削区域的顺序由系统自动排列
		优化	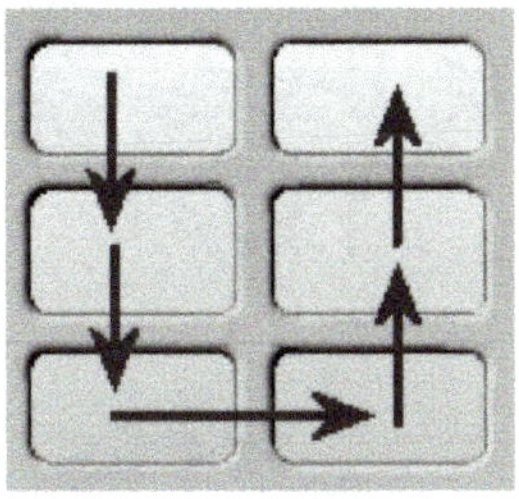	指定切削区域的顺序由系统优化后得到
		跟随起点	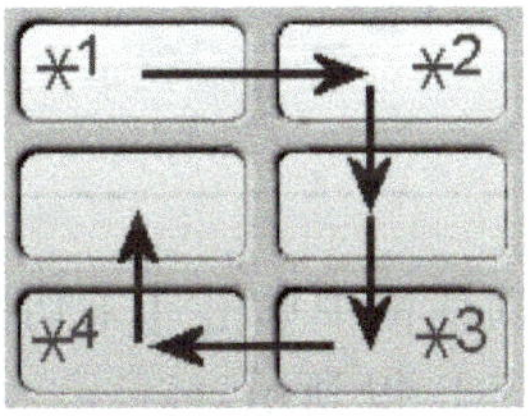	指定切削区域的顺序由起点来确定
		跟随预钻点	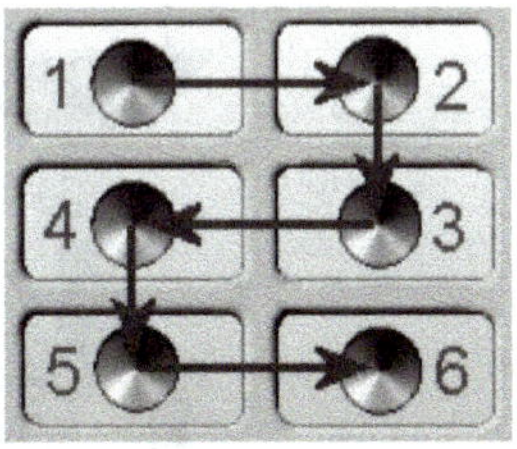	指定切削区域的顺序由预钻点来确定
优化	区域连接	—	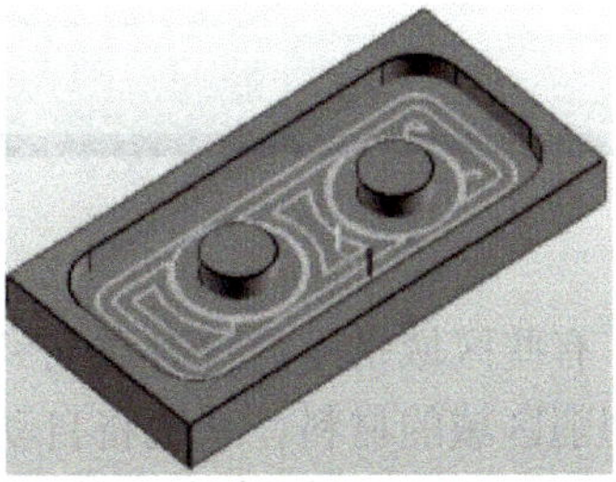	岛屿或其他阻挡物将切削区域分成几个区域时，系统将优化刀具轨迹，以得到加工效率较高的区域连接路径

（续）

选项组名称	选项组内容	选　项	图　示	说　明
优化	跟随检查几何体	—		系统优化刀具轨迹时将检查几何体考虑在内，以得到加工效率较高的区域连接路径
开放刀路	开放刀路	保持切削方向		开放形式的刀具轨迹，保持刀具切入和切出的方向，但是抬刀次数较多，加工效率较低
		变换切削方向		开放式加工刀路，刀具轨迹首尾相连，抬刀次数少，切削加工效率高

5）未切削。在【切削参数】对话框中单击【未切削】标签，切换到【未切削】选项卡，【切削参数】对话框显示如图 3-1-49 所示。

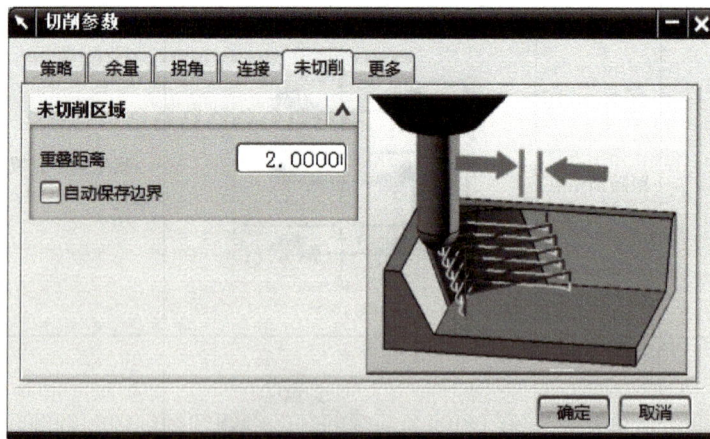

图　3-1-49

在零件的切削加工过程中，有些区域是刀具没有切削到的区域，这些区域被称为未切削区域。为了在精加工中去除未切削区域的材料，系统将自动将这些未切削区域的边界定义为【封闭的】、刀具位置为【相切】的边界。在创建边界的过程中，系统会在未切削区域的基础上将边界偏置一定的距离，这个偏置距离就是重叠距离。

用户可以在【重叠距离】文本框内输入数值，指定偏置距离，系统根据用户指定的数值对未切削区域进行偏置，创建一个或多个类型为【封闭的】、刀具位置为【相切】的边界。

勾选【自动保存边界】选项，系统把根据未切削区域创建的边界保存为永久边界。

6）更多。在【切削参数】对话框中单击【更多】标签，切换到【更多】选项卡，【切削参数】对话框显示如图 3-1-50 所示。

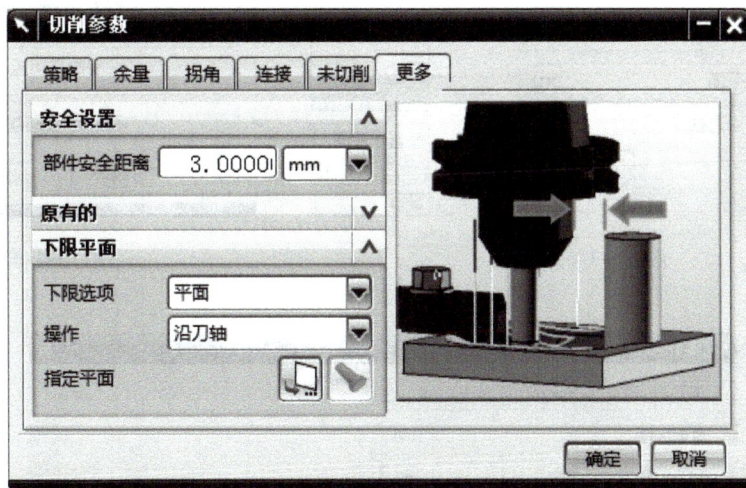

图　3-1-50

在【切削参数】对话框中的【更多】选项卡内，用户可以设置【安全设置】、【原有的】和【下限平面】等选项组。

①【安全设置】选项组中，可以直接在【部件安全距离】文本框中输入数值，指定部件安全距离，也可以用刀具直径的百分比为参考进行指定。系统默认部件安全距离为 3mm，如图 3-1-51 所示。

②【下限平面】包括【下限选项】、【操作】和【指定平面】。【下限选项】下拉列表框中有【使用继承的】、【无】和【平面】选项，【操作】下拉列表框中有【垂直于平面】、【沿刀轴】和【警告】选项，如图 3-1-52 所示。

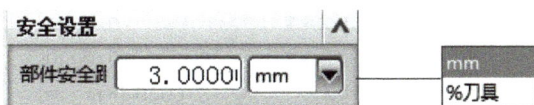

图　3-1-51

用户可以根据需要选择合适的选项，进行【下限平面】的设置。选择【平面】选项，单击【指定下限平面】按钮 ，系统打开图 3-1-53 所示的【平面构造器】对话框，用户可以根据需要选择合适的方式来创建下限平面。

（5）非切削移动　在【刀轨设置】选项组中单击【非切削移动】按钮 ，打开图 3-1-54 所示的【非切削移动】对话框。

图 3-1-52

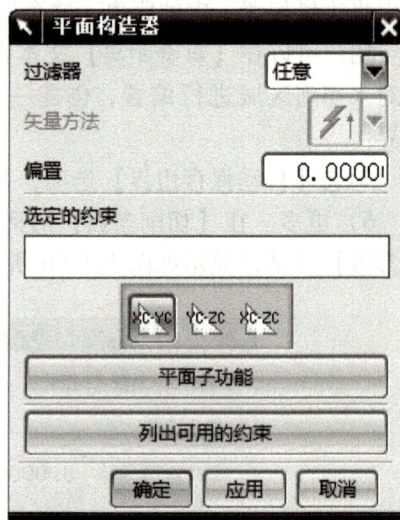

图 3-1-53

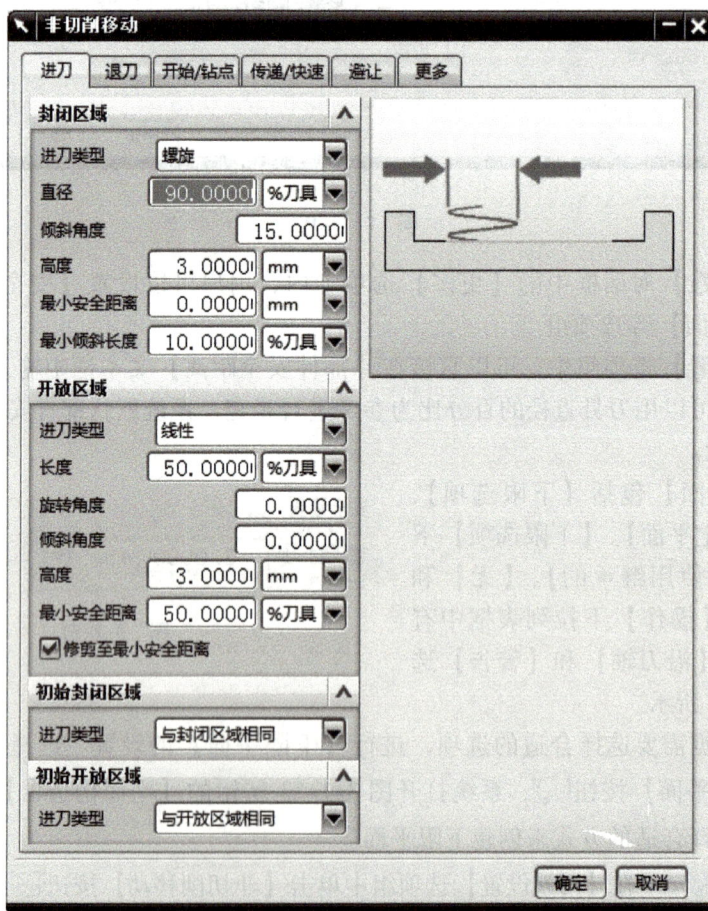

图 3-1-54

【非切削移动】对话框中有【进刀】、【退刀】、【开始/钻点】、【传递/快速】、【避让】和【更多】等选项卡。

1）进刀。在【非切削移动】对话框中单击【进刀】标签，切换到【进刀】选项卡，如图 3-1-54 所示，用户可以在该选项卡中设置进刀类型。

①【封闭区域】选项组中的【进刀类型】包含 5 种类型，如图 3-1-55 所示。其中 3 种进刀类型对应的其他选项及说明见表 3-1-7。

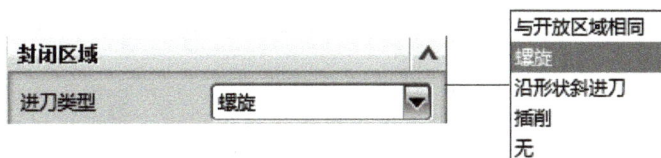

图　3-1-55

表　3-1-7

进刀类型	进刀示意图	对应其他选项	其他选项图示	说　　明
螺旋		直径		螺旋刀轨直径
		倾斜角度		螺旋刀轨升角
		高度		刀轴方向的安全高度
		最小安全距离		螺旋刀轨距离部件边界的最小距离
		最小倾斜长度		螺旋刀轨切入工件前的倾斜轨迹的最小长度

（续）

进刀类型	进刀示意图	对应其他选项	其他选项图示	说 明
沿形状斜进刀	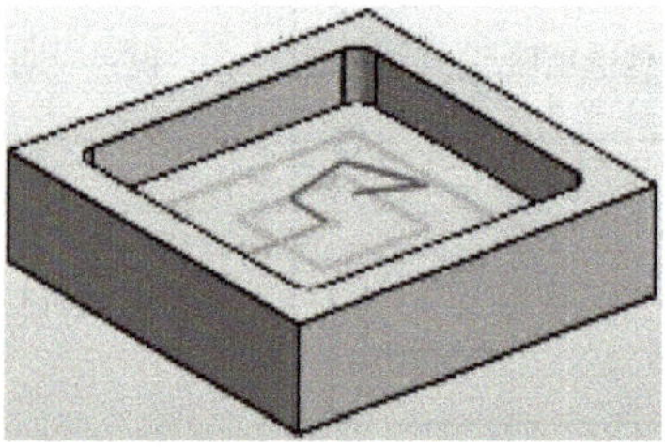	倾斜角度	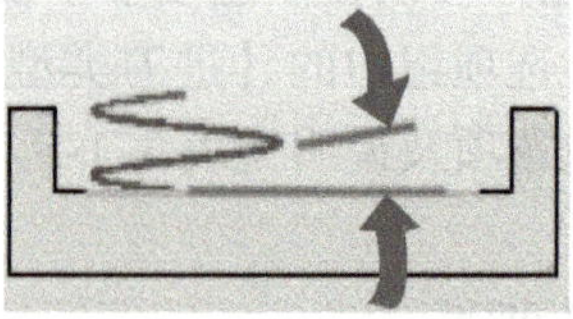	刀轨与部件表面间的角度
		高度	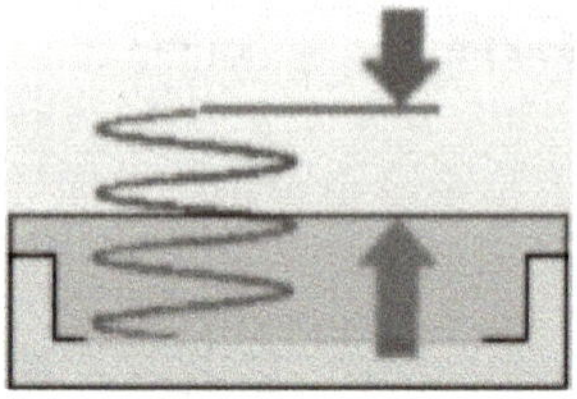	刀轴方向的安全高度
		最大宽度	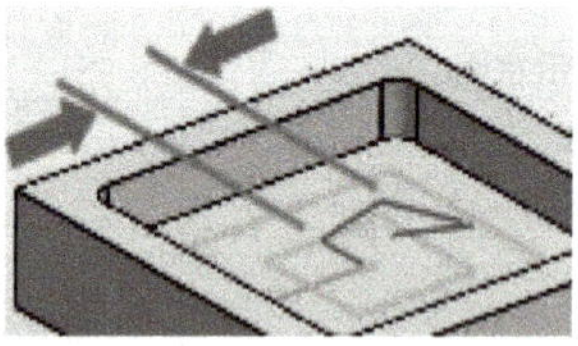	斜向进刀轨迹的最大宽度
		最小安全距离	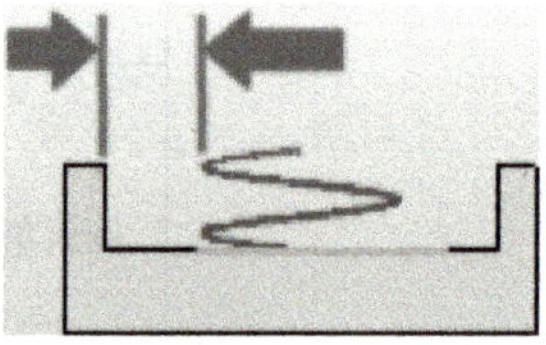	刀具轨迹距离部件边界的最小距离
		最小倾斜长度	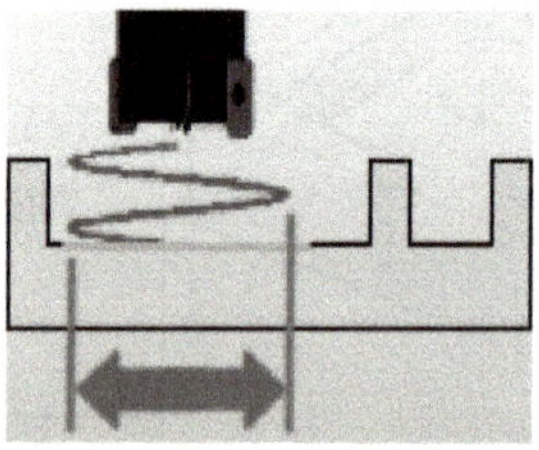	斜向刀具轨迹切入工件前的倾斜轨迹的最小长度
插削	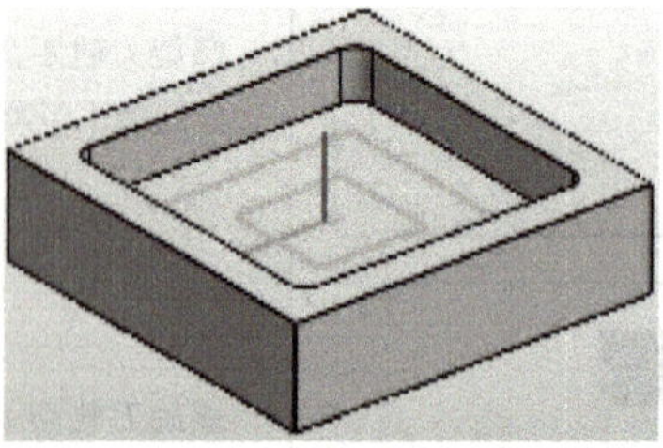	高度	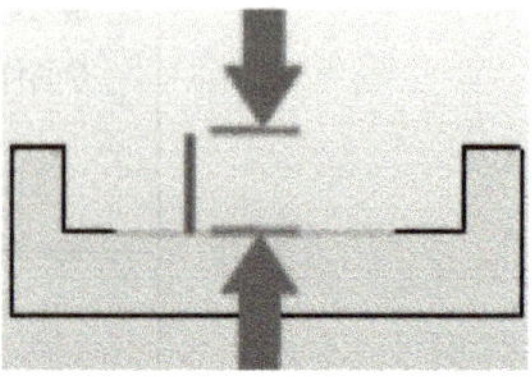	进刀路线在刀轴方向上的距离
无/与开放区域相同				

② 在【开放区域】选项组中【进刀类型】包含了9种类型，如图3-1-56所示。每种进刀类型对应的其他选项及说明见表3-1-8。

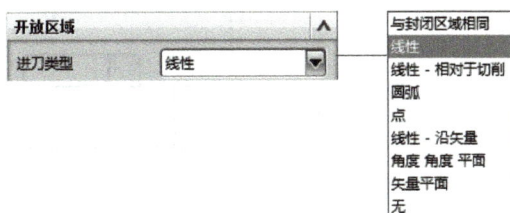

图　3-1-56

表　3-1-8

进刀类型	进刀示意图	对应其他选项	其他选项图示	说　明
线性		长度		刀具轴线相对于切削起点在进刀方向上的横向距离
		旋转角度		刀具进刀路线与刀具切削轨迹间的角度
		倾斜角度		刀具进刀路线与切削平面间的角度
		高度		刀具相对切削平面在刀具轴线方向上的纵向距离
		最小安全距离		刀具起刀点相对于工件的最小距离
		修剪至最小安全距离		将刀具进刀路线沿切削进刀方向修剪至最小安全距离

（续）

进刀类型	进刀示意图	对应其他选项	其他选项图示	说　明
线性-相对于切削	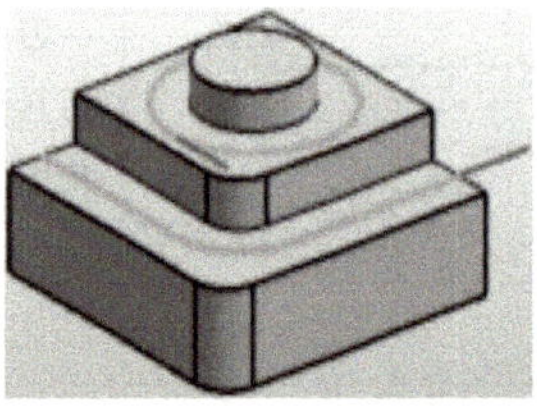	长度	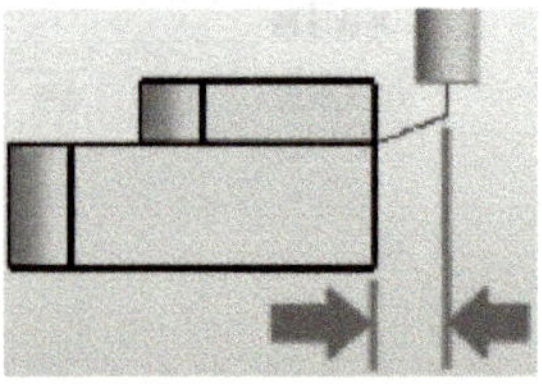	刀具轴线相对于切削起点在进刀方向上的横向距离
		旋转角度	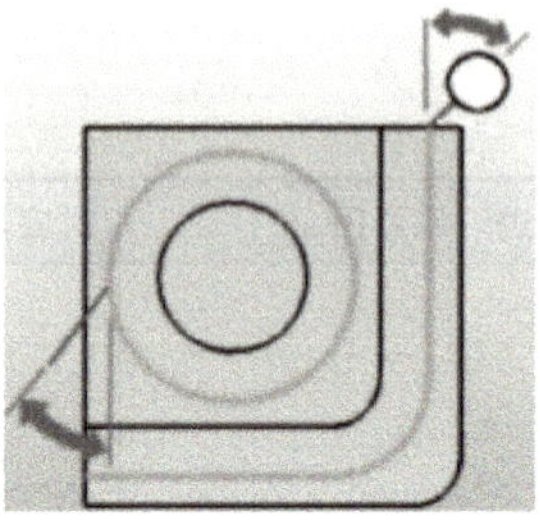	刀具进刀路线与刀具切削轨迹间的角度
		倾斜角度	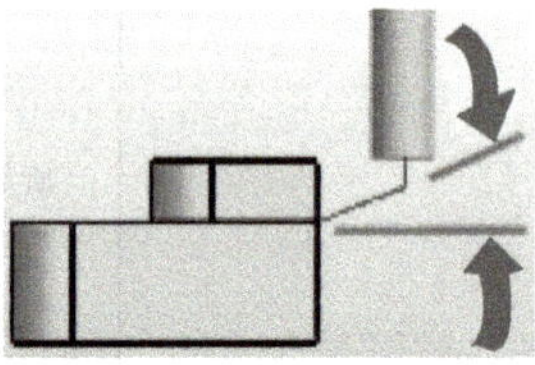	刀具进刀路线与切削平面间的角度
		高度	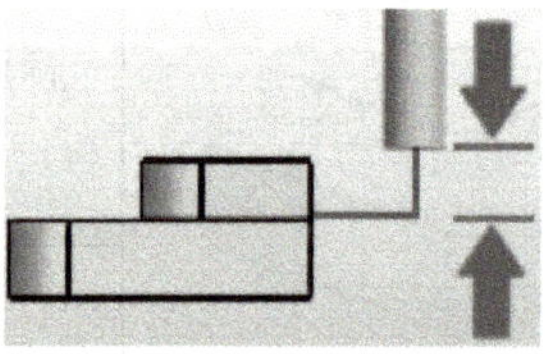	刀具相对切削平面在刀具轴线方向上的纵向距离
		最小安全距离	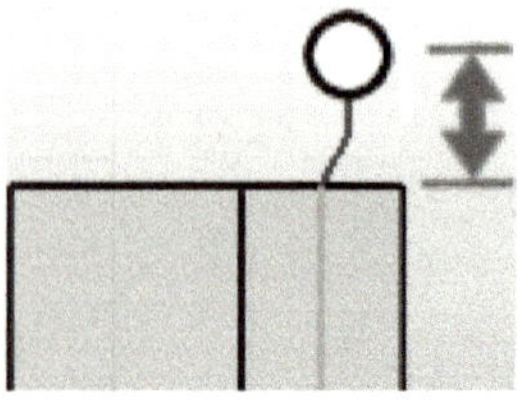	刀具起刀点相对于工件的最小距离
		修剪至最小安全距离	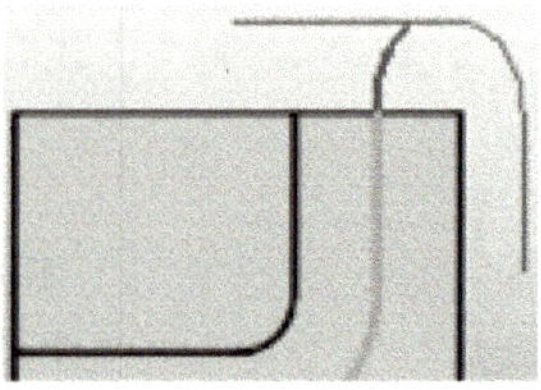	将刀具进刀路线沿切削进刀方向修剪至最小安全距离

（续）

进刀类型	进刀示意图	对应其他选项	其他选项图示	说　　明
线性-沿矢量	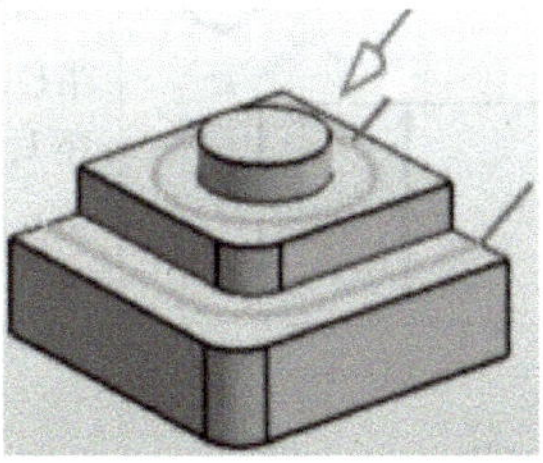	指定矢量		单击指定矢量按钮，选择矢量
		反向		单击更改矢量方向
		长度	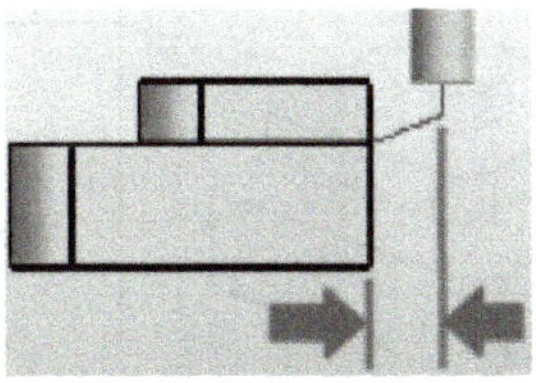	刀具轴线相对于切削起点在进刀方向上的横向距离
圆弧	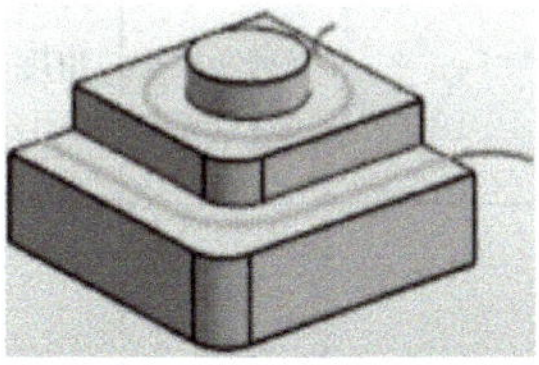	半径	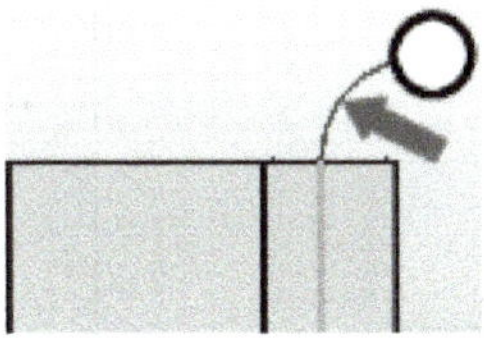	圆弧进刀路径的半径（进刀圆弧路径与切削轨迹相切）
		圆弧角度	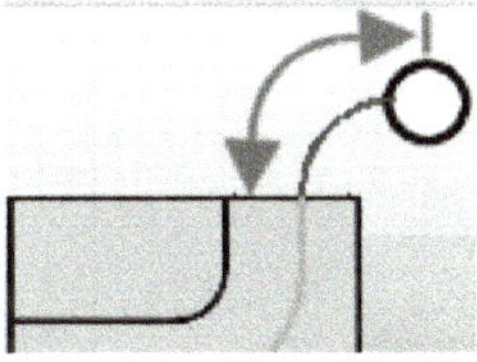	圆弧进刀路径的圆弧所对圆心角
		高度	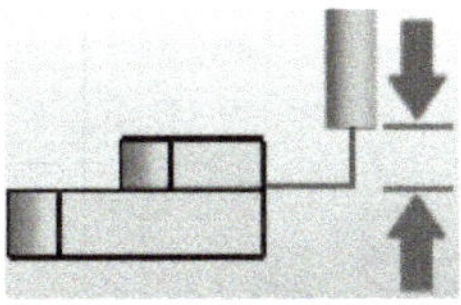	刀具相对于切削平面在刀具轴线方向上的纵向距
		最小安全距离	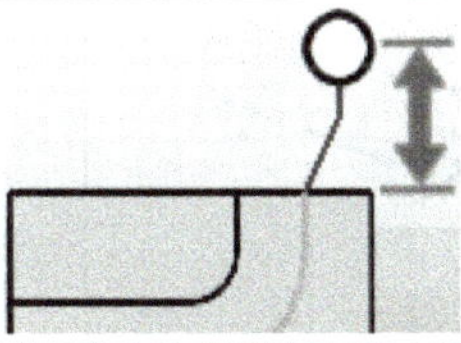	刀具起刀点相对于工件的最小距离
		修剪至最小安全距离	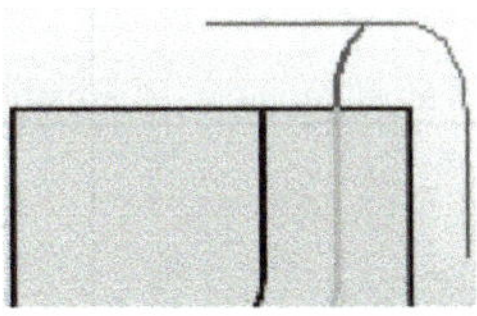	将刀具进刀路线沿切削进刀方向修剪至最小安全距离
		从圆弧中心处开始	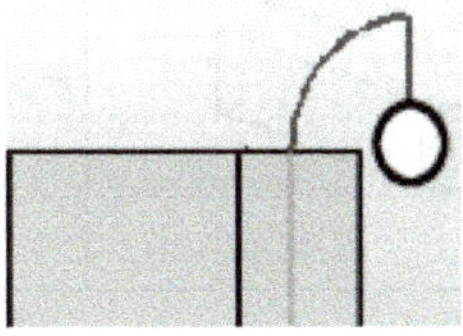	将圆弧进刀路线的圆心作为刀具的起刀点

（续）

进刀类型	进刀示意图	对应其他选项	其他选项图示	说　明
点	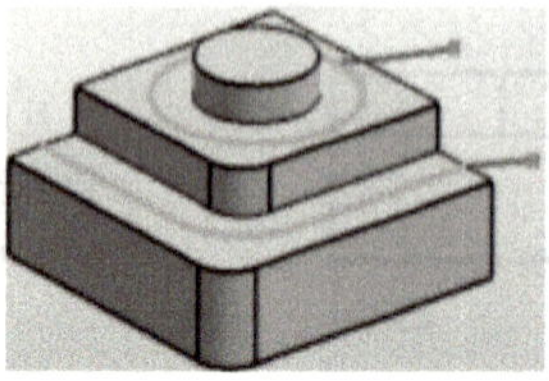	半径		圆弧进刀路径的半径（进刀圆弧路径与切削轨迹相切）
		有效距离	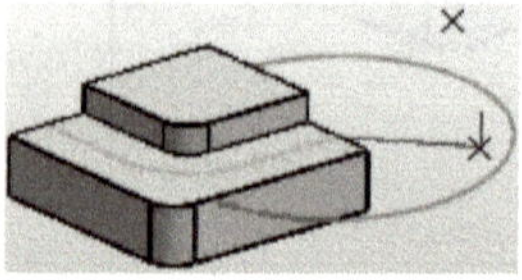	刀具起刀点相对于切削切入点的实际距离。
		距离	—	—
		高度	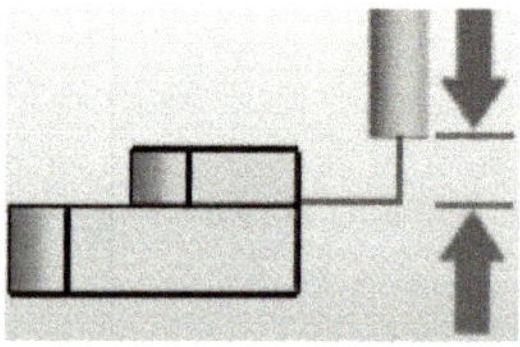	刀具相对于切削平面在刀具轴线方向上的纵向距离
角度 角度 平面	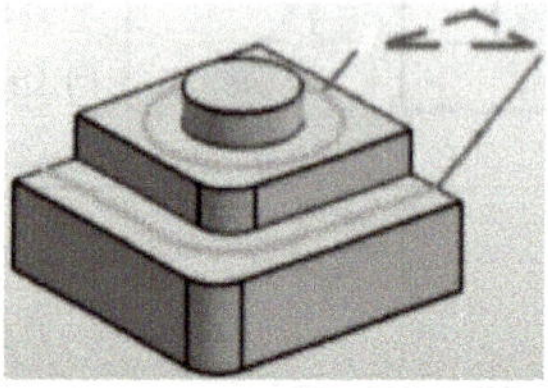	旋转角度	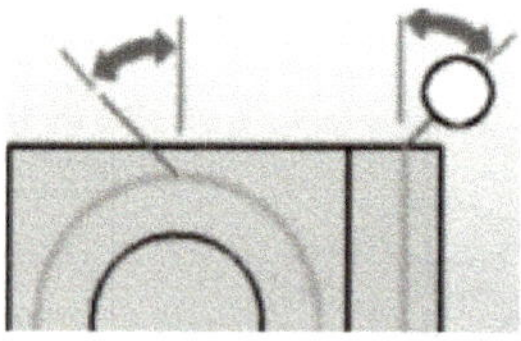	刀具进刀路线与刀具切削轨迹间的角度
		倾斜角度	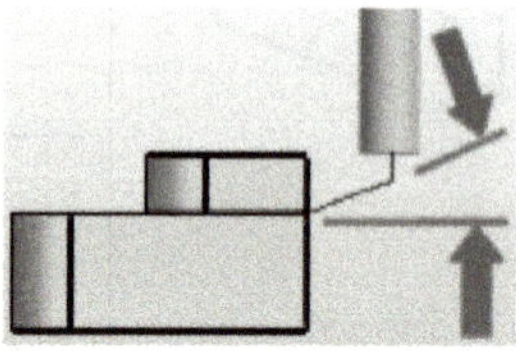	刀具进刀路线与切削平面间的角度
		选择平面		单击打开【平面构造器】对话框，进行平面指定
矢量平面	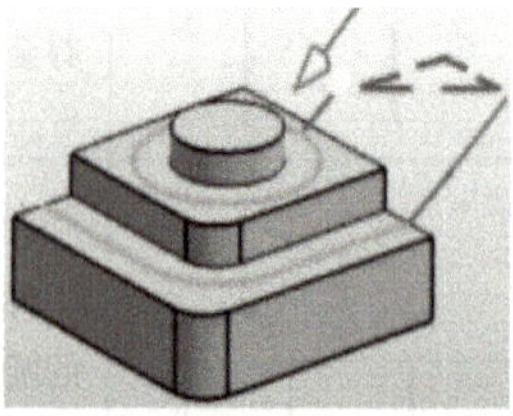	指定矢量		单击指定矢量按钮，选择矢量
		反向		单击更改矢量方向
		选择平面		单击打开【平面构造器】对话框，进行平面指定
无/与开放区域相同				

2）退刀。在【非切削移动】对话框中单击【退刀】标签，切换到【退刀】选项卡，如图 3-1-57 所示，用户可以在该选项卡中设置退刀类型。

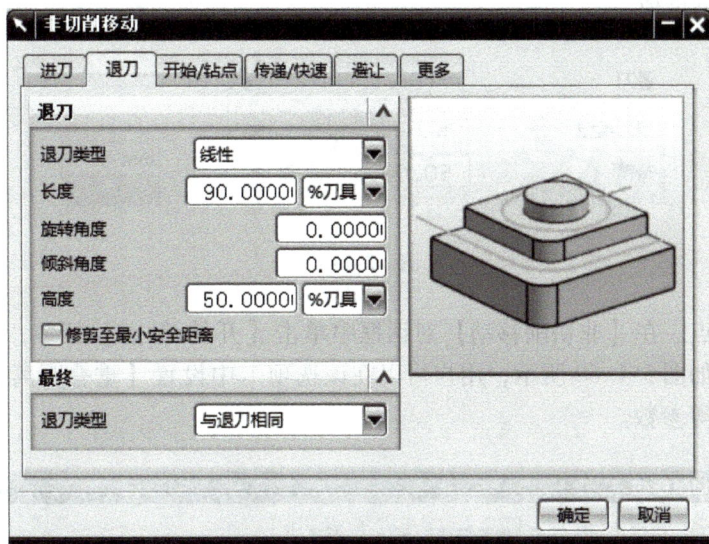

图　**3-1-57**

【退刀】选项卡中包括【退刀】和【最终】两个选项组。

【退刀类型】包含【与进刀相同】、【线性】、【线性-相对于切削】、【圆弧】、【点】、【抬刀】、【线性-沿矢量】、【角度 角度 平面】、【矢量平面】和【无】10 种类型，如图 3-1-58 所示。

除【与进刀相同】和【抬刀】两种类型外，其他几种类型的含义与【进刀】选项卡内【开放区域】中进刀类型的含义相同，故在此不再赘述。仅对【与进刀相同】和【抬刀】两种退刀类型的含义进行说明。

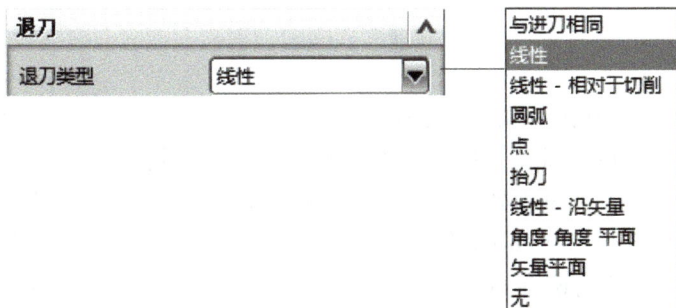

图　**3-1-58**

在【退刀类型】下拉列表框中选择【与进刀相同】选项，指定刀具的退刀类型与用户设置的进刀类型相同。【退刀类型】下拉列表框下方不显示任何选项，用户不需要设置退刀参数。

在【退刀类型】下拉列表框中选择【抬刀】选项，指定刀具的退刀类型为抬刀方式。【退刀类型】下拉列表框下方显示【高度】文本框（图3-1-59），用户可以在【高度】文本框内输入抬刀的高度值。

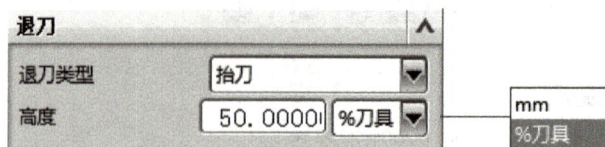

图　3-1-59

3）开始/钻点。在【非切削移动】对话框中单击【开始/钻点】标签，切换到【开始/钻点】选项卡，如图3-1-60所示，用户可以在该选项卡中设置【重叠距离】、【区域起点】和【预钻孔点】等参数。

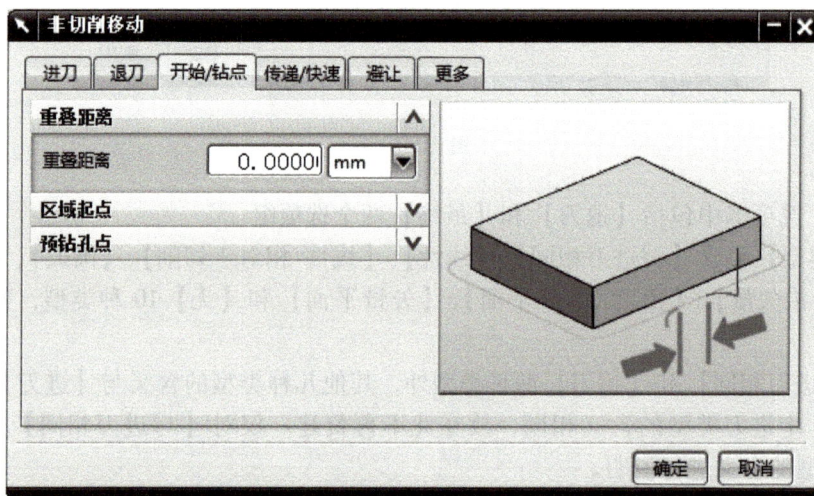

图　3-1-60

① 重叠距离是指进刀和退刀运动与刀具轨迹间的重叠距离，如图3-1-61所示。

设置重叠距离的目的是避免刀具在工件上留下刀痕。刀具在进刀时，进刀处的材料可能不会完全切削干净。为了使进刀处的材料完全切削干净，不留下刀痕，需要设置一定的重叠距离。用户可以在图3-1-60所示的【重叠距离】文本框内输入重叠距离值。

② 区域起点是刀具轨迹在每个切削区域的起点，即刀具在切削加工某个区域时的起点。

【区域起点】选项组中，【默认区域起点】包括【中点】和【角】两个选项，如图3-1-62所示。在【区域起点】选项组中【默认区域起点】下拉列表框中选择【中点】选项，指定区域起点为部件的中点，如图3-1-63所示。在【区域起点】选项组中【默认区域起点】下拉列表框中选择【角】选项，指定区域起点为部件的某一角，如图3-1-64所示。

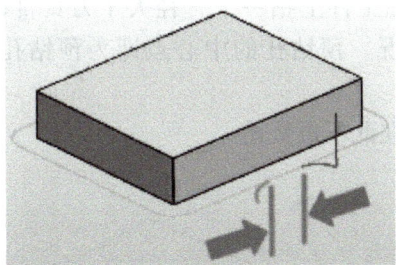

图　3-1-61

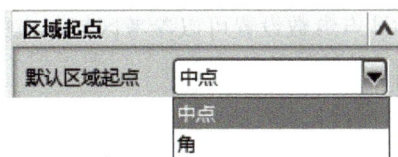

图　3-1-62

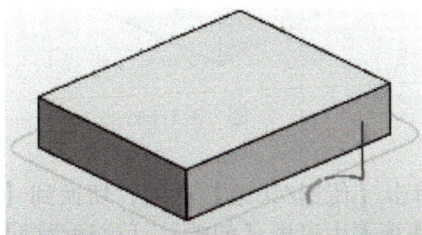

图　3-1-63

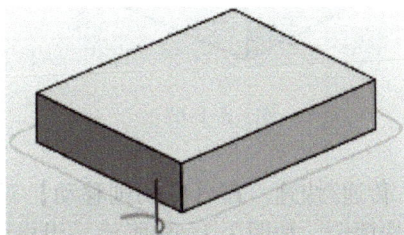

图　3-1-64

在【区域起点】选项组中【默认区域起点】下拉列表框中选择【中点】（图3-1-65）或【角】选项，单击【点构造器】按钮，打开图3-1-66所示的【点】对话框，进行区域起点的构建，如图3-1-67所示。如需创建多个点，可以单击【添加新集】按钮，重复点的构建。最后在【距离】文本框内输入数值，完成【有效距离】的指定。

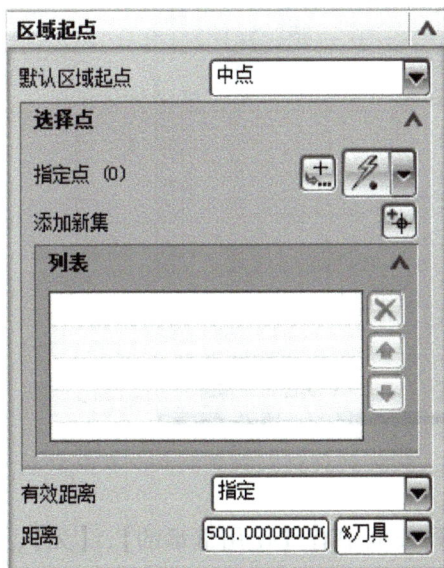

图　3-1-65

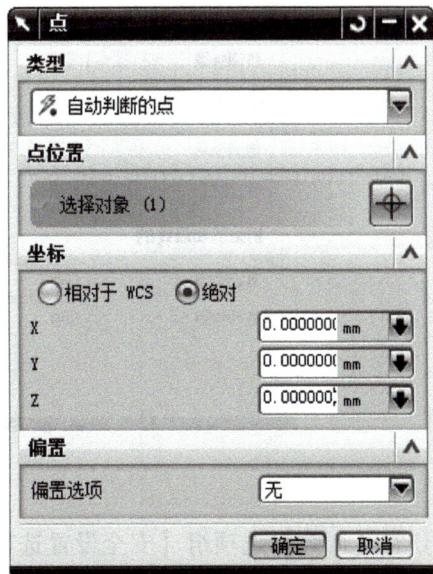

图　3-1-66

③ 预钻孔是指在正式切削加工工件前，预先在工件上钻一个直径大于刀具直径的孔，目的是在粗加工中改善刀具的切削条件和受力情况。预钻孔的中心点即为预钻孔点，如图 3-1-68 所示。

预钻孔点参数设置可以参考区域起点的设置，在此不再赘述。

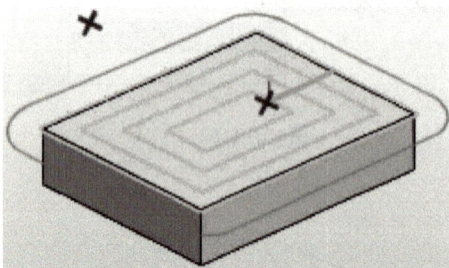

图 3-1-67

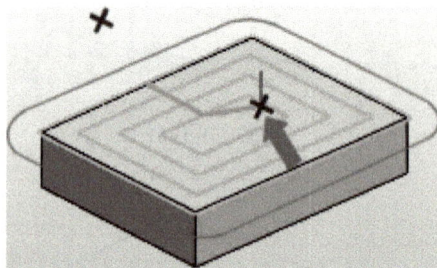

图 3-1-68

4）传递/快速。在【非切削移动】对话框中单击【传递/快速】标签，切换到【传递/快速】选项卡，如图 3-1-69 所示，用户可以在该选项卡中设置【间隙】、【区域之间】、【区域内】和【初始的和最终的】等参数。

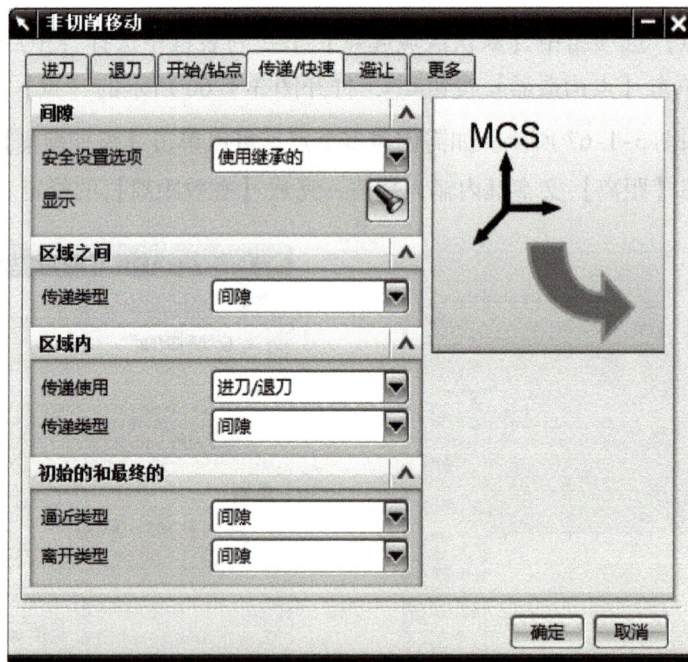

图 3-1-69

① 在【间隙】选项组【安全设置选项】下拉列表框中有【使用继承的】、【无】、【自动】和【平面】选项，如图 3-1-70 所示。

选择【使用继承的】选项，指定安全平面使用系统继承得到的平面。

图 3-1-70

选择【无】选项，指定当前操作中不使用安全平面。

选择【自动】选项，系统将根据加工刀具和切削区域的形状等自动定义一个平面作为安全平面，用户可以在【安全距离】文本框内输入数值，设置安全距离。

选择【平面】选项，用户可以单击【指定安全平面】按钮，打开【平面构造器】对话框，进行安全平面的指定。

② 在【区域之间】选项组【传递类型】下拉列表框中有【间隙】、【前一平面】、【直接】、【最小安全值 Z】和【毛坯平面】选项，如图 3-1-71 所示。

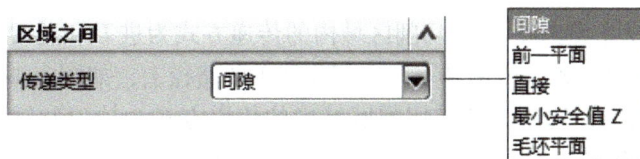

图 3-1-71

选择【间隙】选项，指定切削区域之间的传递运动在安全平面内进行，如图 3-1-72a 所示。

选择【前一平面】选项，指定切削区域之间的传递运动在前一个平面的基础上偏置一定距离后进行，用户需要在【安全距离】文本框内输入数值来设置安全距离，如图 3-1-72b 所示。

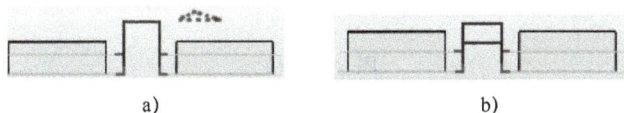

a)   b)

图 3-1-72

选择【直接】选项，指定刀具直接从一个切削区域沿着直线方向移动到另外一个切削区域，如图 3-1-73a 所示。

选择【最小安全值 Z】选项，指定刀具在上一个切削区域所在平面上偏置直线安全值 Z 后的平面内移动，用户需要在【安全距离】文本框内输入数值来设置安全距离，如图 3-1-73b 所示。

选择【毛坯平面】选项，用户需要在【安全距离】文本框内输入数值来设置安全距离，如图 3-1-74 所示。

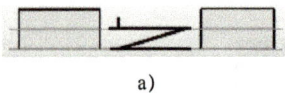
a)

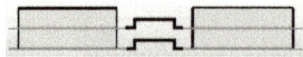
b)

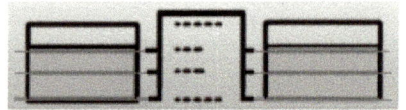

图 3-1-73　　　　　　　　　　　　　　　　　　　　　图 3-1-74

③ 在【区域内】选项组【传递使用】下拉列表框中有【进刀/退刀】、【抬刀和插削】和【无】选项，【传递类型】下拉列表框中有【间隙】、【前一平面】、【直接】、【最小安全值 Z】和【毛坯平面】选项，如图 3-1-75 所示。

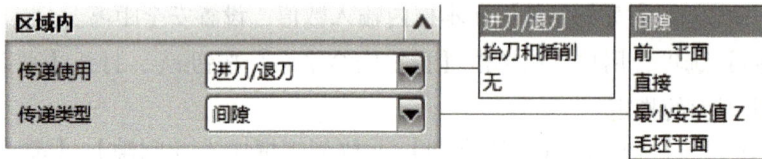

图　3-1-75

选择【进刀/退刀】选项，指定切削区域内的传递方式为进刀和退刀。刀具完成一次切削后，通过进刀和退刀方式来传递到下一次切削加工的路径上，如图 3-1-76a 所示。

选择【抬刀和插削】选项，指定切削区域内的传递方式为抬刀和插削。刀具完成一次切削后，通过抬刀和插削方式来传递到下一次切削加工的路径上，如图 3-1-76b 所示。

选择【无】选项，指定切削区域内的传递方式为无。

【传递类型】选项设置同【区域之间】选项组的【传递类型】设置，不再赘述。

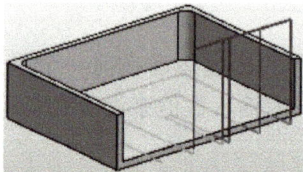
a)
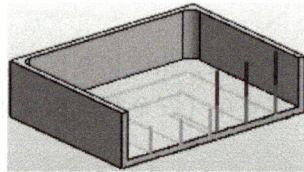
b)

图　3-1-76

④【初始的和最终的】选项组【逼近类型】下拉列表框中有【间隙】、【相对平面】和【无】选项，【离开类型】下拉列表框中有【间隙】、【相对平面】和【无】选项，如图 3-1-77 所示。【初始的和最终的】选项组用来控制刀具从初始位置移动到第一切削位置和从最后一个切削位置离开的运动轨迹。

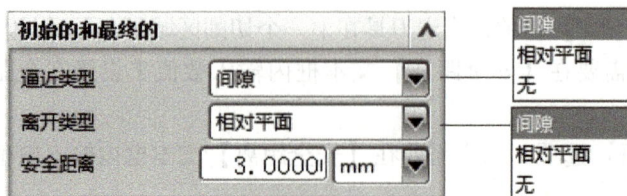

图　3-1-77

a. 在【初始的和最终的】选项组【逼近类型】下拉列表框中：

选择【间隙】选项，刀具从指定的安全平面移动到进刀点。

选择【相对平面】选项，定义一个平面，该平面位于刀具进刀点上方、沿刀轴方向、距离进刀点距离为指定的安全距离。刀具从该平面移动至进刀点，用户需要在【安全距离】文本框内输入数值来设置安全距离，如图 3-1-78 所示。

选择【无】选项，不添加初始逼近移动。

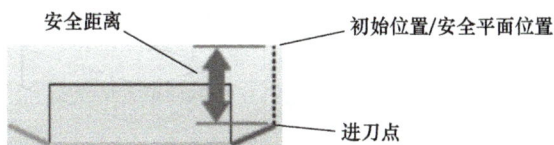

图　3-1-78

b. 在【初始的和最终的】选项组【离开类型】下拉列表框中：

选择【间隙】选项，将最终离开移动添加到指定的安全平面中。

选择【相对平面】选项，定义一个平面，该平面位于刀具退刀点上方、沿刀轴方向、距离退刀点距离为指定的安全距离。刀具从退刀点移动至该平面，用户需要在【安全距离】文本框内输入数值来设置安全距离，如图 3-1-79 所示。

选择【无】选项，不添加最终离开移动。

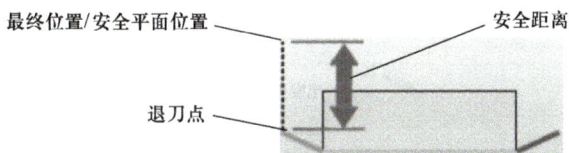

图　3-1-79

5）避让。在【非切削移动】对话框中单击【避让】标签，切换到【避让】选项卡，如图 3-1-80 所示，用户可以在该选项卡中设置【出发点】、【起点】、【返回点】和【回零点】等参数。

① 出发点。出发点是指刀具开始进行切削加工的初始位置，如图 3-1-81a 所示。

【点选项】下拉列表框中有【无】和【指定】两个选项。选择【无】选项，则不指定出发点。选择【指定】选项，用户可以通过【指定点】选项定义出发点，如图 3-1-81b 所示。

【刀轴】选项下拉列表框中有【无】和【指定】两个选项，如图 3-1-82a 所示。选择【无】选项，指定不定义刀轴。选择【指定】选项，用户可以通过【选择刀轴】选项定义刀轴，如图 3-1-82b 所示。

② 起点。起点是刀具轨迹开始的位置，如图 3-1-83a 所示。起点的指定方法同出发点，在此不再赘述。

③ 返回点。返回点是刀具完成切削加工后离开工件的位置，如图 3-1-83b 所示。返回点的指定方法同出发点，在此不再赘述。

④ 回零点。回零点是刀具完成切削加工后刀具的最终位置，如图 3-1-84b、d 所示。

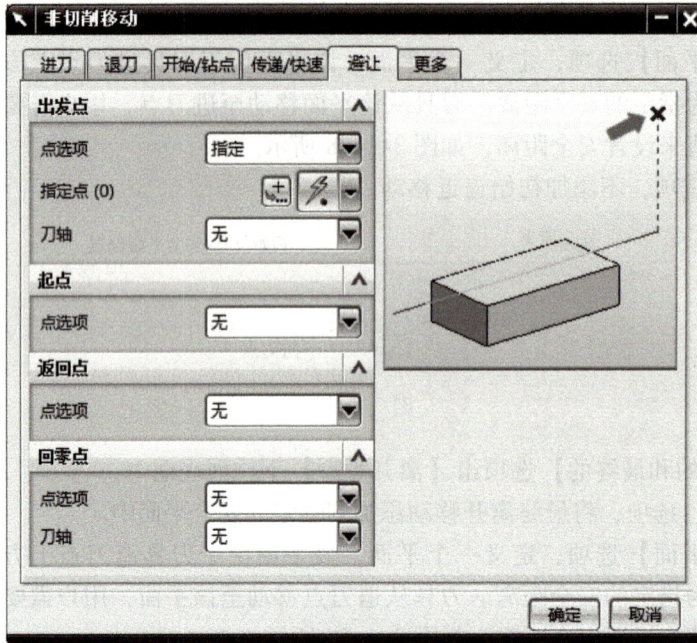

图 3-1-80

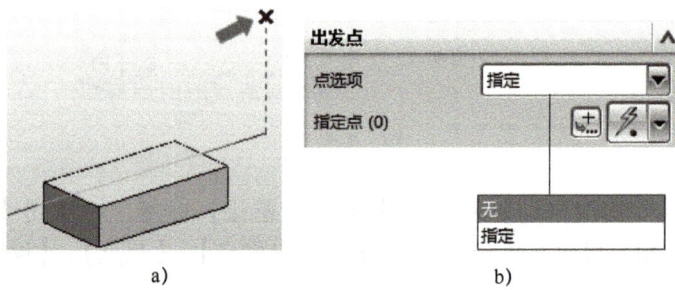

a)   b)

图 3-1-81

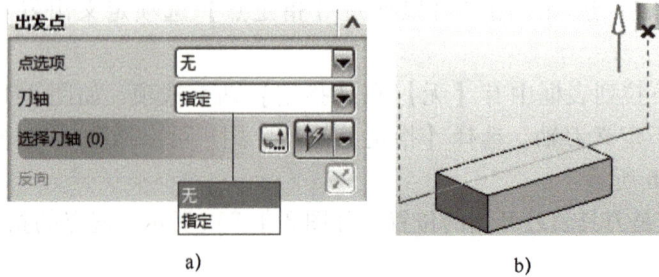

a)   b)

图 3-1-82

【点选项】下拉列表框中有【无】（图3-1-84a）、【与起点相同】（图3-1-84b）、【回零-没有点】（图3-1-84c）和【指定】（图3-1-84d）4个选项。回零点及刀轴的指定方法同出发点，在此不再赘述。

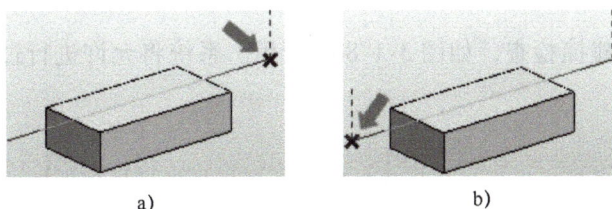

a)   b)

图　3-1-83

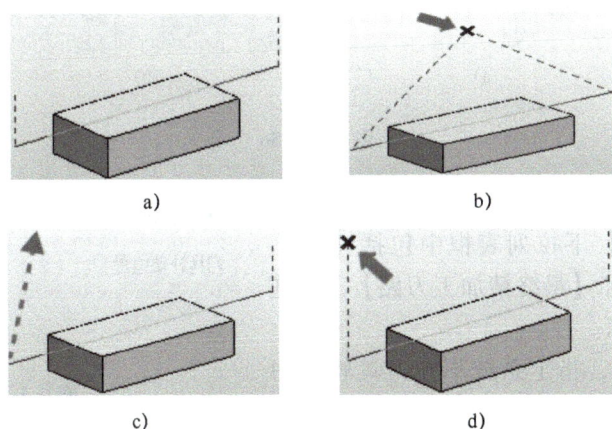

a)   b)

c)   d)

图　3-1-84

6）更多。在【非切削移动】对话框中单击【更多】标签，切换到【更多】选项卡，如图3-1-85所示，用户可以在该选项卡中设置【碰撞检查】和【刀具补偿】等参数。

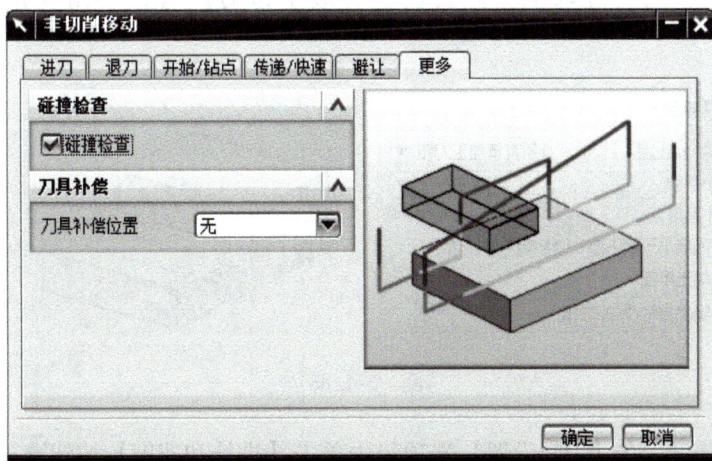

图　3-1-85

① 碰撞检查。勾选【碰撞检查】，系统检测与部件几何体和检查几何体的碰撞。所有适用的余量和安全距离都添加到部件几何体和检查几何体，用于碰撞检查，如图 3-1-86a 所示。如果之前移动过切，则可以勾选该选项，避免碰撞。如果不能进行无过切移刀运动，则会发出警告。

取消勾选可关闭碰撞检查，如图 3-1-86b 所示。系统将允许进行过切的进刀、退刀和移刀。

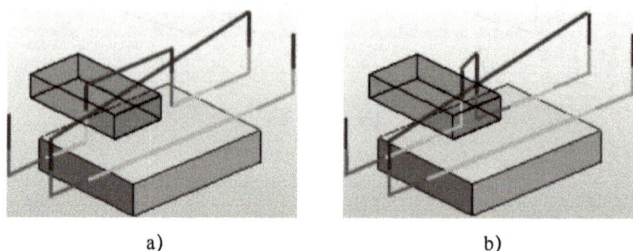

a)   b)

图   3-1-86

② 刀具补偿

【刀具补偿位置】下拉列表框中包括【无】、【所有精加工刀路】和【最终精加工刀路】3 个选项，如图 3-1-87 所示。

图   3-1-87

选择【无】选项，指定系统不在刀具轨迹中增加刀具补偿。

选择【所有精加工刀路】选项，指定系统在所有精加工刀具轨迹中增加刀具补偿，如图 3-1-88 所示，用户可以根据需要设置【最小移动】、【最小角度】及勾选相关复选项。

选择【最终精加工刀路】选项，指定系统在最终精加工刀具轨迹中增加刀具补偿，如图 3-1-89 所示，用户可以根据需要设置【最小移动】、【最小角度】及勾选相关复选项。

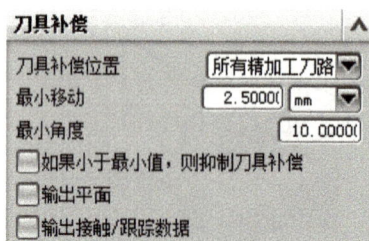
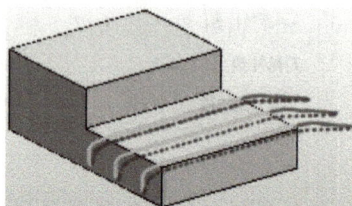

图   3-1-88

（6）进给和速度　在【刀轨设置】选项组中单击【进给和速度】按钮，打开图 3-1-90 所示的【进给和速度】对话框。用户在该对话框中可以设置【自动设置】、【主轴速度】和【进给率】等参数。

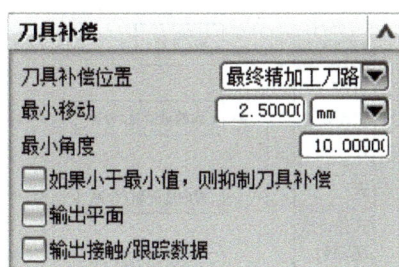

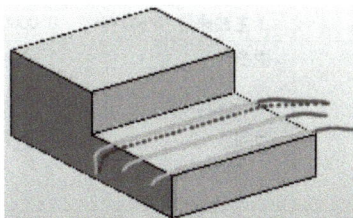

图　3-1-89

1）自动设置。【自动设置】选项组包括【表面速度】和【每齿进给】等参数选项，如图 3-1-91 所示。

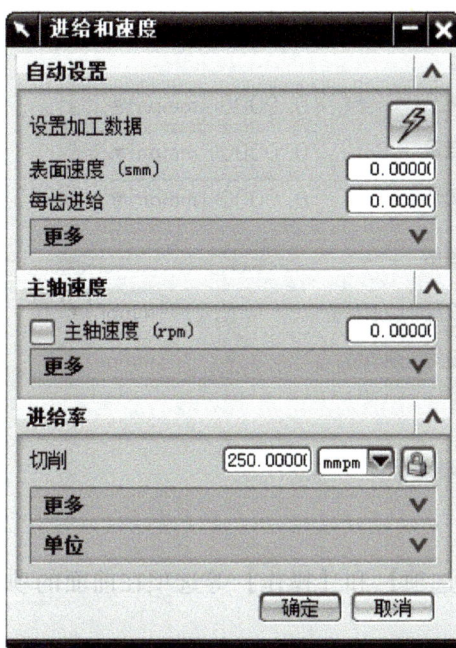

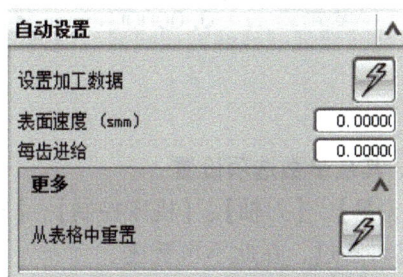

图　3-1-90　　　　　　　　　　　　　　图　3-1-91

表面速度是指刀具的切削速度，每齿进给是指切削过程中每转一个齿刀具的进给量。用户可以在文本框内输入合适的数值，也可以单击【从表格中重置】按钮 $\not\!\!\!/$ ，系统将根据用户指定的加工方法等参数，自动计算出【表面速度】、【每齿进给】、【主轴速度】和【进给率】等参数。

2）主轴速度。【主轴速度】选项组包括【主轴速度】、【输出模式】和【方向】等参数选项，如图 3-1-92 所示。用户可以根据需要设置合适的参数及选项，也可以单击【从表格中重置】按钮 $\not\!\!\!/$ ，系统将根据用户指定的加工方法等参数自动计算出主轴速度。

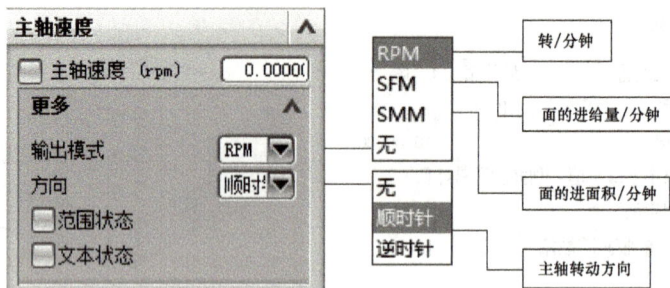

图　3-1-92

3）进给率。【进给率】选项组包括【切削】、【更多】和【单位】等参数选项，如图 3-1-93 所示。用户可以根据需要设置合适的参数及选项。

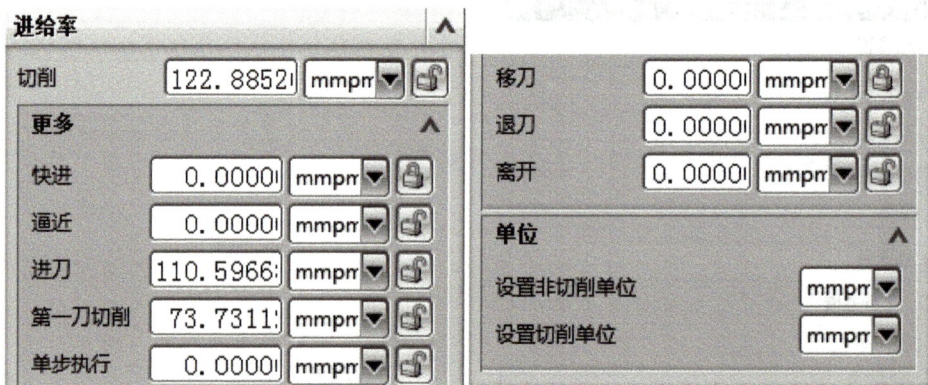

图　3-1-93

4. 其余参数选项设置

【刀具】、【刀轴】、【机床控制】、【程序】、【选项】和【操作】等选项在前面的项目任务里已讲解过，在此不再赘述。

单击【确定】按钮，完成【平面铣】操作的创建。用户可以在操作导航器内选中该操作，然后进行刀轨确认和后处理等操作。

想一想

（1）几何体的创建方式有哪些？
（2）如何创建刀具？在哪里可以找到已经创建好的刀具？
（3）如何设置切削深度？需要注意什么？
（4）切削模式有几种？如何选择？
（5）如何设置刀具轨迹的出发点、起点、返回点和回零点？
（6）切削进给率设置有哪些内容？

任务二　平面铣削加工范例

任务目标

（1）熟练掌握平面铣削操作的创建方法和步骤，做到学以致用。

（2）根据加工需要，灵活选用平面铣削操作的加工类型，合理设置加工参数。

（3）利用平面铣削方法，完成图 3-2-1 所示零件模型的切削加工操作。

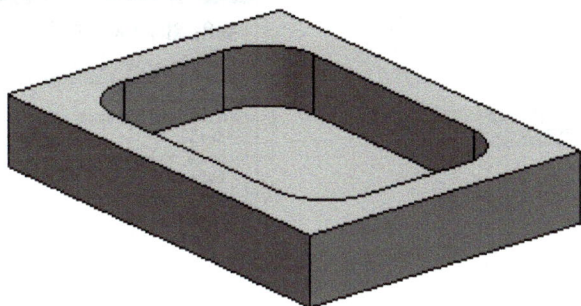

图　3-2-1

范例操作步骤

1. 加工准备

1）在桌面上双击 UG NX 6.0 图标，打开 UG 软件。

2）单击【打开】按钮，找到模型文件【3-2-1.prt】，如图 3-2-2 所示，单击【OK】按钮。

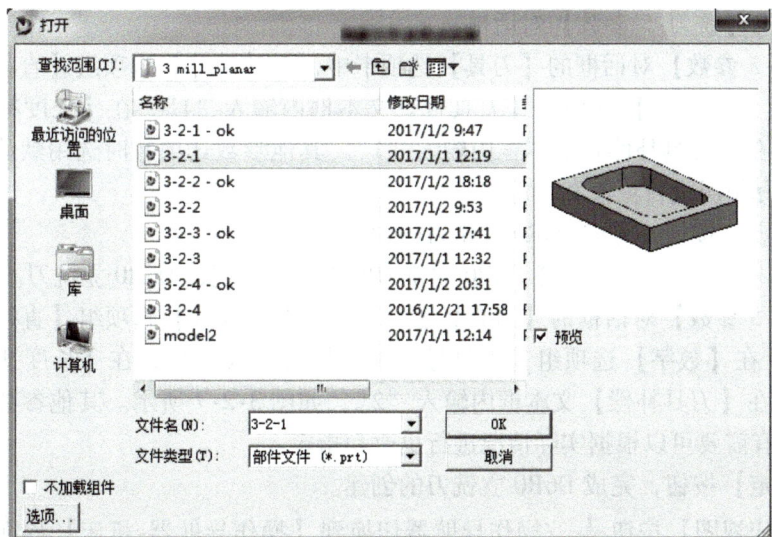

图　3-2-2

2. 进入加工环境

单击【标准】工具条上的【开始】按钮，在下拉菜单中选择【加工】命令（图3-2-3），打开图3-2-4所示的【加工环境】对话框。选择【mill_planar】选项，单击【确定】按钮，进入加工环境。

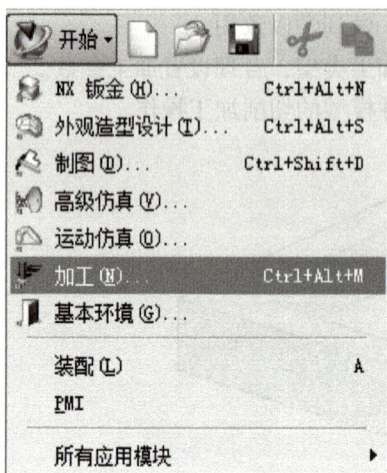

图 3-2-3

图 3-2-4

3. 创建刀具

（1）创建D8R0立铣刀　单击【插入】工具条上的【创建刀具】按钮 ，打开图3-2-5所示的【创建刀具】对话框。在【类型】下拉列表框中选择【mill_planar】选项，在【刀具子类型】中选择【MILL】图标 ，在刀具【位置】选项组下选择【GENERIC_MACHINE】选项，在【名称】文本框内输入刀具的名称"D8R0"，单击【确定】按钮，打开图3-2-6所示的【铣刀-5参数】对话框。

在【铣刀-5参数】对话框的【刀具】选项卡中，在【尺寸】选项组【直径】文本框内输入"8mm"，在【数字】选项组【刀具号】文本框内输入"1"，在【长度补偿】文本框内输入"1"，在【刀具补偿】文本框内输入"1"。其他参数选项暂时选用默认值，如有需要可以根据实际情况进行更改和指定。

单击【确定】按钮，完成D8R0立铣刀的创建。

（2）创建D6R0立铣刀　参考D8R0立铣刀的创建过程创建D6R0立铣刀。

在【铣刀-5参数】对话框的【刀具】选项卡中，在【尺寸】选项组【直径】文本框内输入"6mm"。在【数字】选项组【刀具号】文本框内输入"2"，在【长度补偿】文本框内输入"2"，在【刀具补偿】文本框内输入"2"，如图3-2-7所示。其他参数选项暂时选用默认值，如有需要可以根据实际情况进行更改和指定。

单击【确定】按钮，完成D6R0立铣刀的创建。

单击【机床视图】按钮 ，操作导航器切换到【操作导航器-机床】界面，可以看到【GENERIC_MACHINE】下方显示有两把刀具，如图3-2-8所示。

图　3-2-5

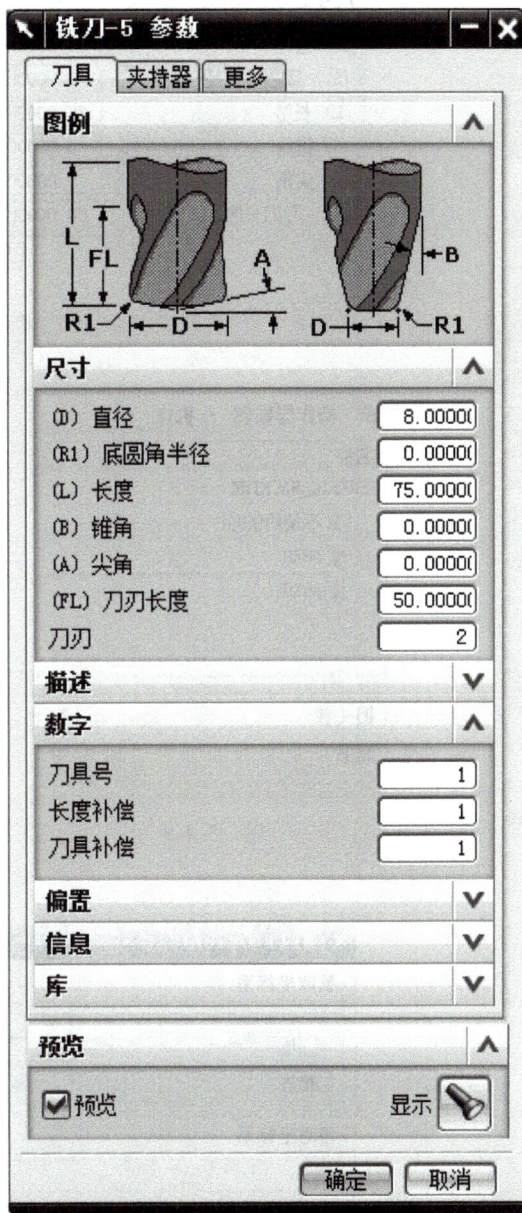

图　3-2-6

4. 创建几何体

（1）设置坐标系　单击【几何视图】按钮，操作导航器切换到图 3-2-9 所示的【操作导航器-几何】界面。双击【MCS_MILL】，打开图 3-2-10 所示的【MILL Orient】对话框。单击【CSYS】对话框按钮，打开图 3-2-11 所示的【CSYS】对话框，通过捕捉点将 XM-YM-ZM 坐标系原点调整至与 XC-YC-ZC 坐标系原点重合。

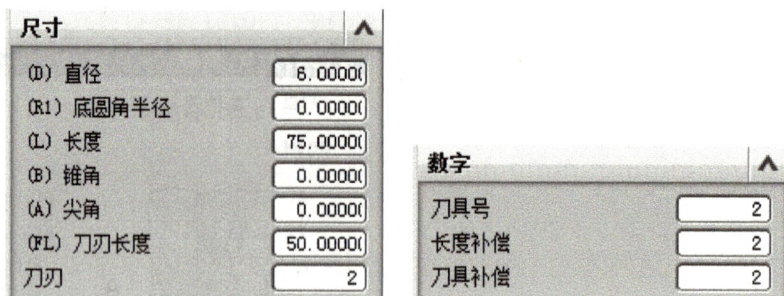

图 3-2-7

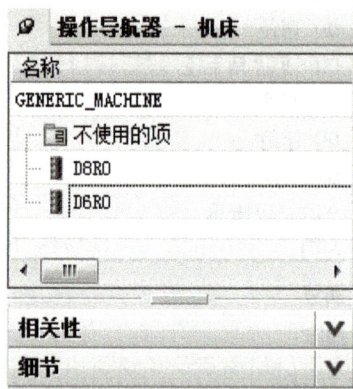

图 3-2-8

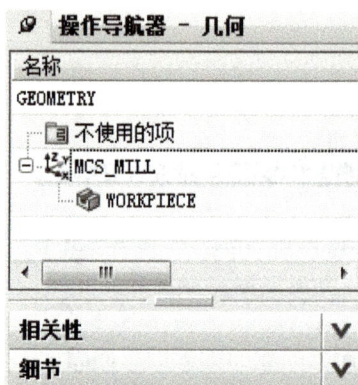

图 3-2-9

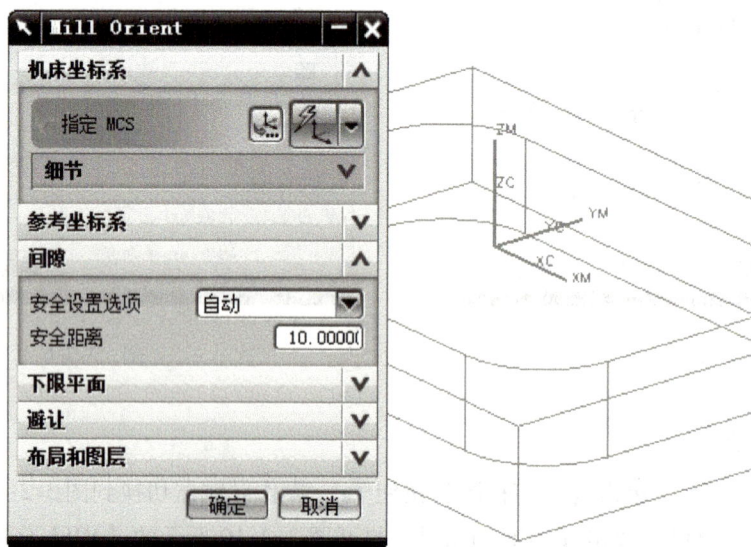

图 3-2-10

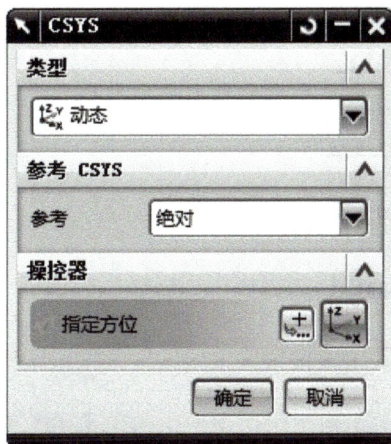

图　3-2-11

小贴士：

将 XM-YM-ZM 坐标系原点调整至与 XC-YC-ZC 坐标系原点重合的目的，是使加工坐标系 XM-YM-ZM 与工件坐标系 XC-YC-ZC 重合。当然也可以不设置重合，但是在实际机床加工时需要设置工坐标系与工件坐标系间的偏置量，否则将不能正常加工零件。

（2）设置几何体　在【操作导航器-几何】界面中双击【WORKPIECE】图标 ，打开图 3-2-12 所示的【铣削几何体】对话框。

1）单击【选择或编辑部件几何体】图标 ，打开图 3-2-13 所示的【部件几何体】对话框。在【操作模式】下拉列表框中选择【附加】，在【选择选项】处点选【几何体】复选项，在【过滤方法】下拉列表框中选择【体】选项，单击【全选】按钮，选中图 3-2-14 所示的模型几何体。单击【确定】按钮，完成部件几何体的指定。

2）单击【选择或编辑毛坯几何体】图标 ，打开图 3-2-15 所示的【毛坯几何体】对话框。在【选择选项】处点选【自动块】复选项，系统自动在部件几何体位置上生成一个与部件几何体所占空间一样大小的长方体形状毛坯几何体，如图 3-2-16 所示。用户可以在【XM＋】、【YM＋】、【ZM＋】、【XM－】、【YM－】、【ZM－】文本输入框内输入数值，设置毛坯几何体的尺寸，系统默认为"0"。单击【确定】按钮，完成毛坯几何体的指定。

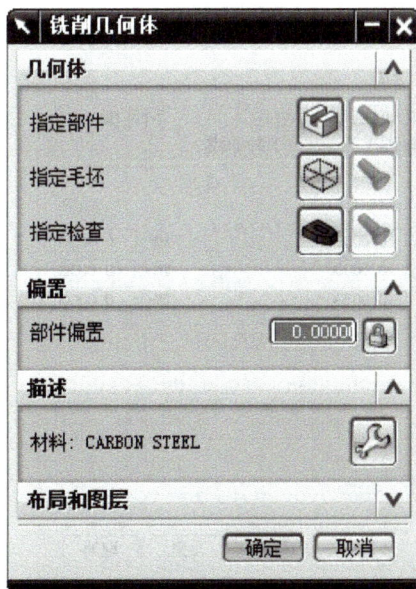

图　3-2-12

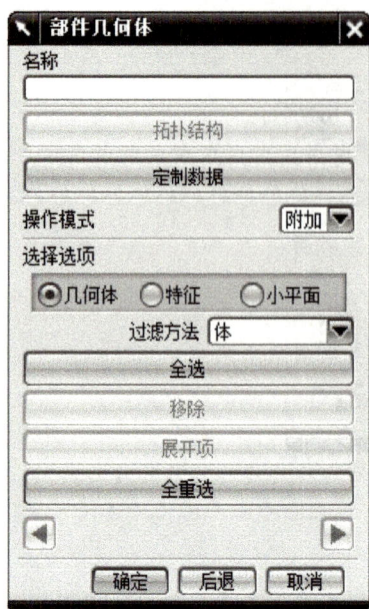

图 3-2-13

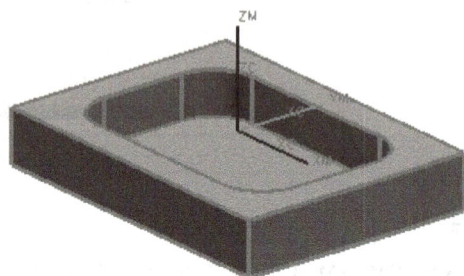

图 3-2-14

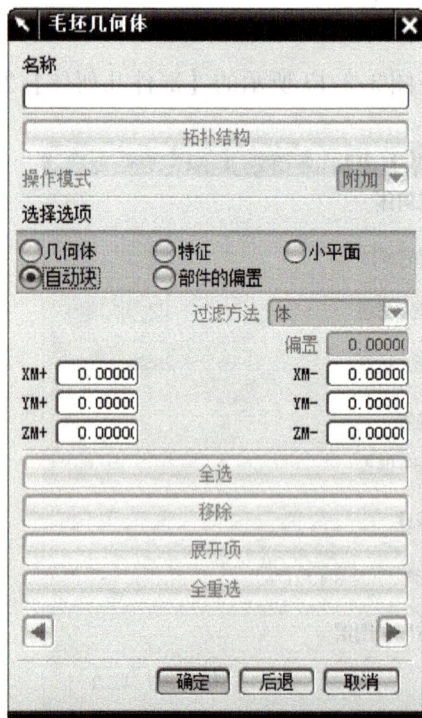

图 3-2-15

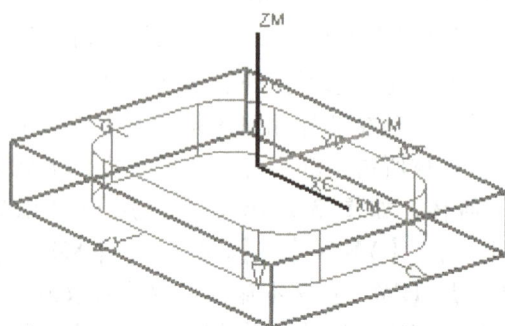

图 3-2-16

完成部件几何体和毛坯几何体的指定后，【铣削几何体】对话框下的【显示】按钮凸显变蓝，如图 3-2-17 所示。用户可以单击该按钮，查看指定好的部件几何体和毛坯几何体。

5. 创建操作

(1) 创建平面铣削粗加工（侧面余量为 1mm，底面余量为 0.5mm） 单击【创建操作】按钮 ，打开【创建操作】对话框，设置各参数选项如图 3-2-18 所示。单击【确定】按钮，打开【平面铣】对话框。

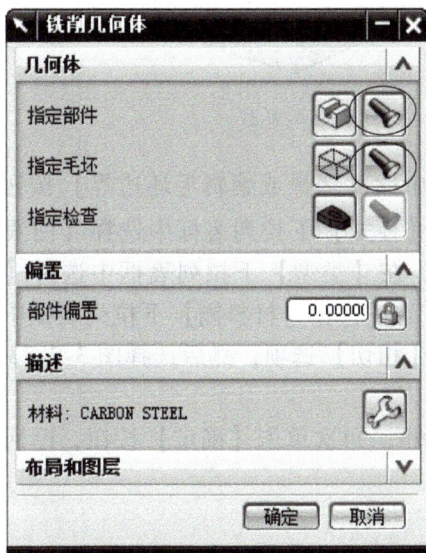

图 3-2-17

图 3-2-18

1）指定部件几何体。单击【几何体】选项组中的【选择或编辑部件边界】按钮 ，打开图 3-2-19 所示的【边界几何体】对话框。在【模式】下拉列表框中选择【曲线/边】选项，打开图 3-2-20 所示的【创建边界】对话框。在【类型】下拉列表框中选择【封闭的】选项，在【平面】下拉列表框中选择【自动】选项，在【材料侧】下拉列表框中选择【外部】选项，在【刀具位置】下拉列表框中选择【相切】选项。选择图 3-2-21 所示模型上的边界 1，单击【确定】按钮，返回【边界几何体】对话框。再次单击【确定】按钮，返回【平面铣】对话框，完成部件边界的指定。

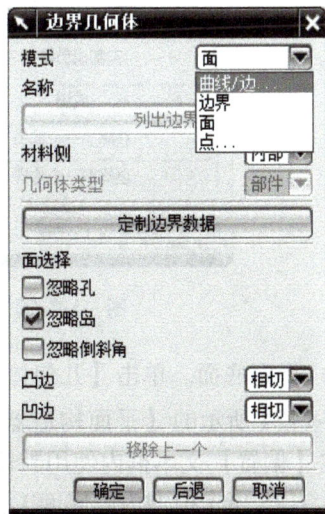

图 3-2-19

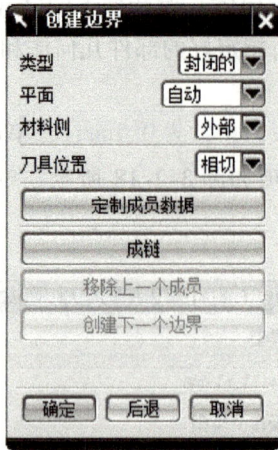

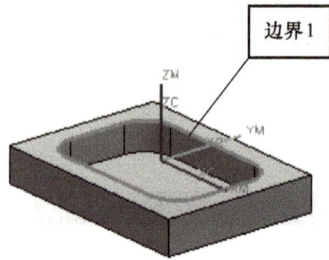

图 3-2-20   图 3-2-21

2）指定毛坯几何体。单击【几何体】选项组中的【选择或编辑毛坯边界】按钮 ，打开图 3-2-19 所示的【边界几何体】对话框。在【模式】下拉列表框中选择【曲线/边】选项，打开图 3-2-22 所示的【创建边界】对话框。在【类型】下拉列表框中选择【封闭的】选项，在【平面】下拉列表框中选择【自动】选项，在【材料侧】下拉列表框中选择【内部】选项，在【刀具位置】下拉列表框中选择【相切】选项，然后选择图 3-2-23 所示模型上的边界 2。

单击【确定】按钮，返回【边界几何体】对话框。再次单击【确定】按钮，返回【平面铣】对话框，完成毛坯边界的指定。

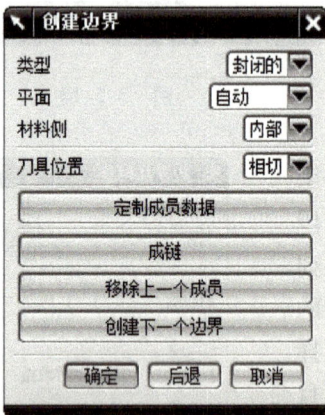

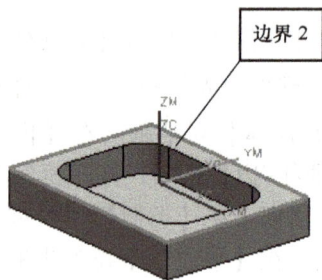

图 3-2-22   图 3-2-23

3）指定底面。单击【几何体】选项组中的【选择或编辑底平面几何体】按钮 ，打开图 3-2-24 所示的【平面构造器】对话框。在【过滤器】下拉列表框中选择【任意】选项，在【偏置】文本框内使用默认值"0"，坐标系平面选择 XC-YC，其他选用默认值。选择图 3-2-25 所示模型内腔底面 1 作为目标底面。

单击【确定】按钮，返回【平面铣】对话框，完成底面的指定。

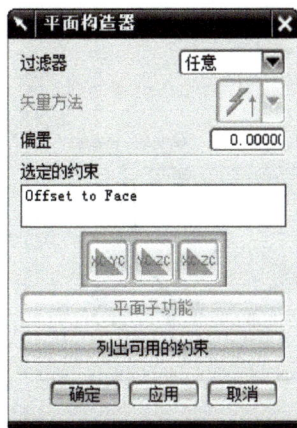

图　3-2-24

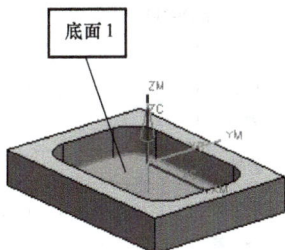

底面1

图　3-2-25

【材料侧】及【刀具位置】选项必须在选择边界对象前指定好，否则会影响到刀具轨迹的生成。

4）切削深度。单击【刀轨设置】选项组中的【切削层】按钮▤，打开图3-2-26所示的【切削深度参数】对话框。参考图示设置各参数后单击【确定】按钮，完成切削深度参数的设定。

5）切削参数。单击【刀轨设置】选项组中的【切削参数】按钮➡，打开【切削参数】对话框。单击【余量】标签，切换到【余量】选项卡，如图3-2-27所示。在【部件余量】文本框内输入"1mm"，在【最终底部面余量】文本框内输入"0.5mm"，其余参数选项使用默认值。单击【确定】按钮，完成切削参数的设定。

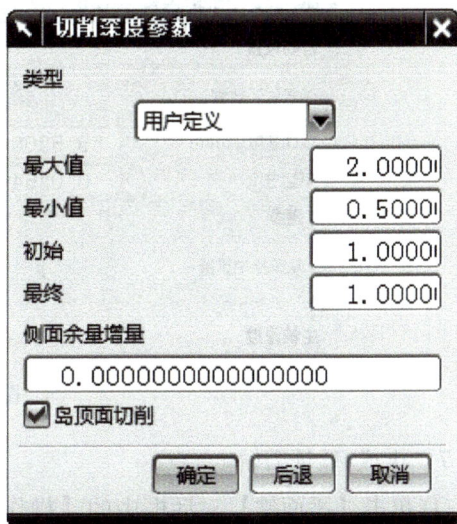

图　3-2-26

6）进给和速度。单击【刀轨设置】选项组中的【进给和速度】按钮▣，打开图3-2-28所示【进给和速度】对话框。单击【从表格中重置】按钮⚡，系统自动计算各参数。单击【确定】按钮，完成进给和速度参数的设定。

小贴士：

采用【从表格中重置】方式得到的主轴转速和进给等参数，实际机床有可能达不到。用户可以根据重置所得转速与机床加工常用转速进行对比分析，将主轴转速调整至合适的值。

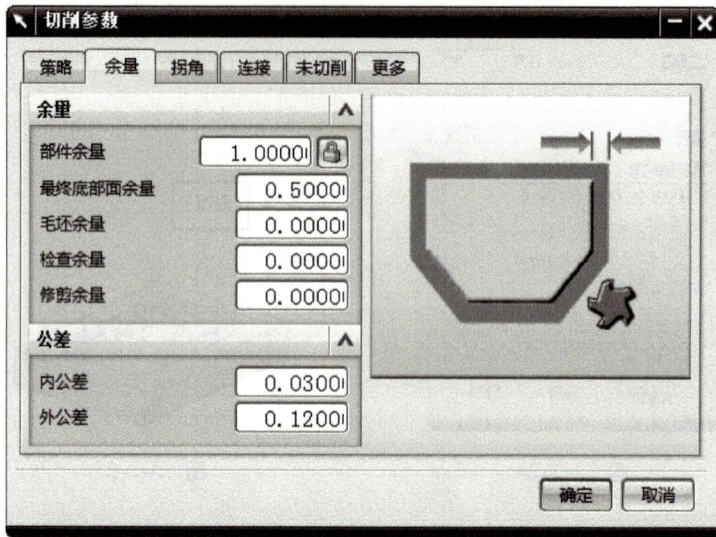

图 3-2-27

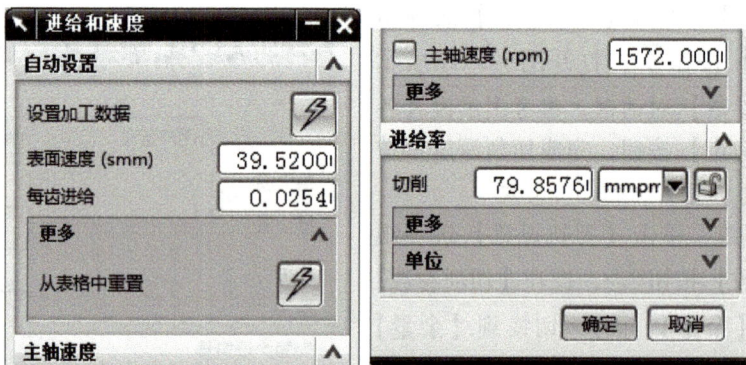

图 3-2-28

7）生成/验证刀轨。

① 单击【平面铣】对话框中的【操作】选项组中的【生成】按钮，生成图 3-2-29 所示的刀具轨迹。

② 单击【平面铣】对话框中的【操作】选项组中的【确认】按钮，对生成的刀轨进行模拟验证。结果如图 3-2-30 所示。

（2）创建型腔侧壁精加工（侧面余量为 0mm，底面余量为 0.5mm） 单击【程序顺序视图】按钮，操作导航器切换到【操作导航器-程序顺序】界面。用鼠标右键单击【PLANAR_MILL】操作程序图标，在弹出的快捷菜单里选择【复制】命令，如图 3-2-31 所示；用鼠标右键单击【PROGRAM】操作程序图标，在弹出的快捷菜单里选择【内部粘贴】命令，如图 3-2-32 所示，在【PROGRAM】下得到一个【PLANAR_MILL】操作的复制程序【PLANAR_MILL_COPY】。

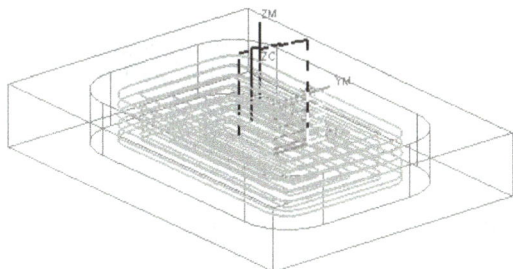

图　3-2-29

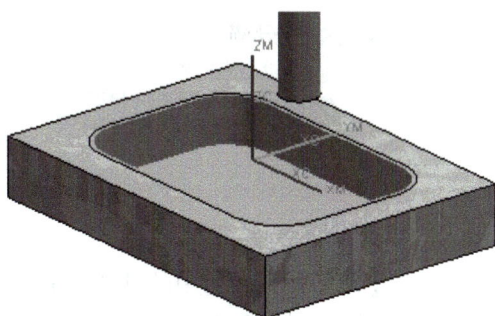

图　3-2-30

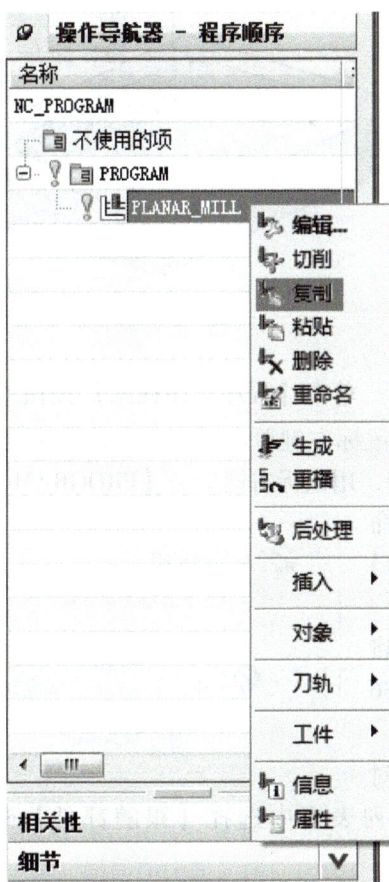

图　3-2-31

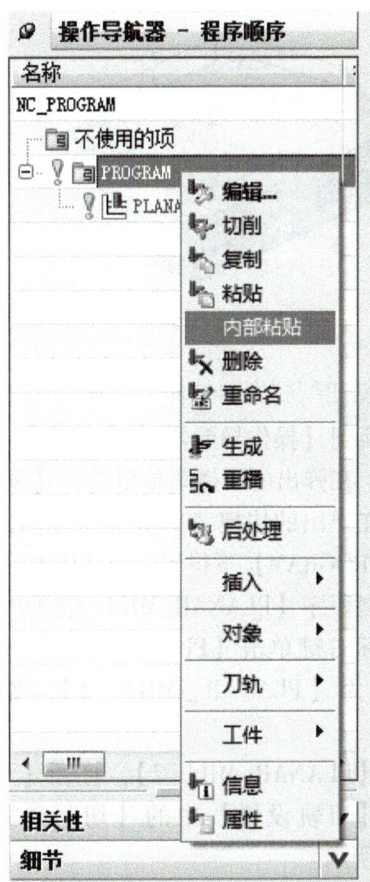

图　3-2-32

用鼠标右键单击【PLANAR_MILL_COPY】，在弹出的快捷菜单里选择【重命名】命令，将其重命名为【PLANAR_MILL_1】，如图 3-2-33 所示。

双击【PLANAR_MILL_1】，打开【平面铣】对话框，在【刀具】下拉列表框中选择【D6R0】立铣刀，在【刀轨设置】中的【方法】下拉列表框中选择【MILL_FINISH】选项，在【刀轨设置】中的【切削模式】下拉列表框中选择【配置文件】选项，其他参数选项使

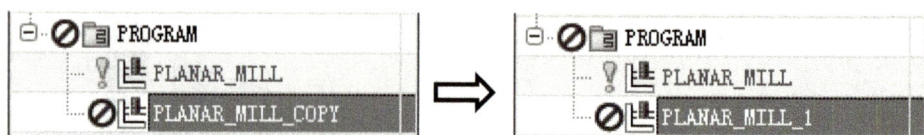

图 3-2-33

用默认设置。

单击【操作】选项组中的【生成】按钮，得到图 3-2-34 所示的刀具轨迹。刀具轨迹可视化验证结果如图 3-2-35 所示。

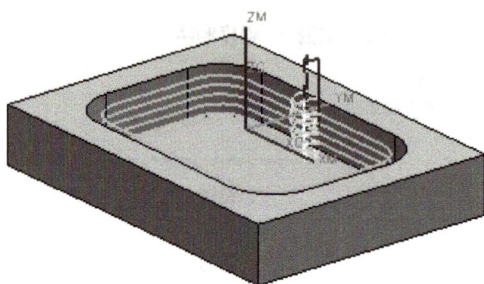

图 3-2-34

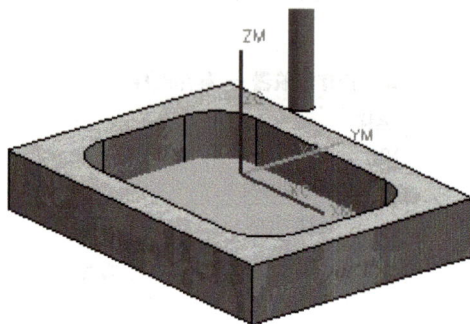

图 3-2-35

（3）创建型腔底面精加工（底面余量为 0mm） 单击【程序顺序视图】按钮，操作导航器切换到【操作导航器-程序顺序】界面。用鼠标右键单击【PLANAR_MILL_1】操作程序图标，在弹出的快捷菜单里选择【复制】命令，用鼠标右键单击【PROGRAM】操作程序图标，在弹出的快捷菜单里选择【内部粘贴】命令，在【PROGRAM】下得到一个【PLANAR_MILL_1】操作的复制程序【PLANAR_MILL_1_COPY】。

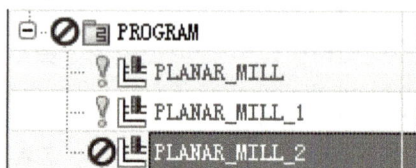

用鼠标右键单击【PLANAR_MILL_COPY】，将其重命名为【PLANAR_MILL_2】，如图 3-2-36 所示。

图 3-2-36

双击【PLANAR_MILL_2】，打开【平面铣】对话框，在【刀轨设置】中的【切削模式】下拉列表框中选择【跟随部件】选项，如图 3-2-37 所示。

图 3-2-37

单击【切削层】按钮▤，打开【切削深度参数】对话框，在【类型】下拉列表框中选择【仅底部面】选项，如图 3-2-38 所示。单击【确定】按钮，完成切削深度参数设置。

单击【切削参数】按钮▱，打开【切削参数】对话框，选择【余量】选项卡，将【最终底部面余量】修改为"0mm"，如图 3-2-39 所示。单击【确定】按钮，完成切削参数设置。

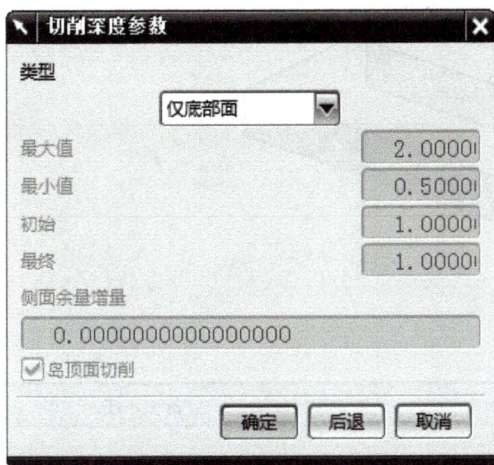

图　3-2-38

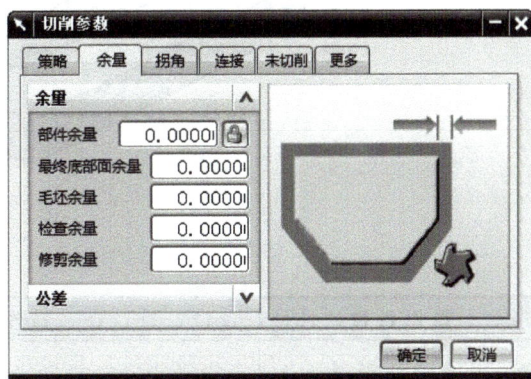

图　3-2-39

其他参数选项使用默认设置。

单击【操作】选项下的【生成】按钮，得到图 3-2-40 所示的刀具轨迹。对生成的刀轨进行模拟验证，结果如图 3-2-41 所示。

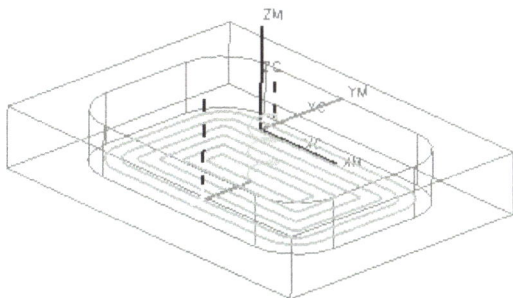

图　3-2-40

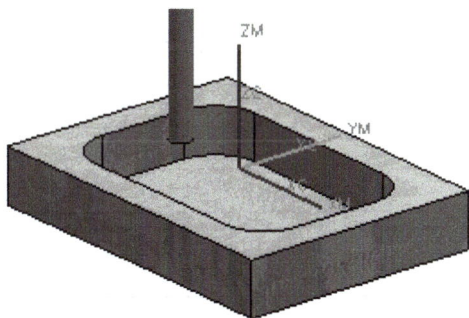

图　3-2-41

6. 后处理

在【操作导航器-程序顺序】界面中单击【PROGRAM】操作程序图标，在【操作】工具条中单击【后处理】按钮，对创建的所有程序进行后处理操作。

7. 生成车间文档

在【操作导航器-程序顺序】界面中单击【PROGRAM】操作程序图标，在【操作】工具条中单击【车间文档】按钮，对创建的所有程序进行生成车间文档操作。

🖳 练一练

（1）完成图 3-2-42 所示零件模型的切削加工，源文件位置为 X:/3 mill_planar/3-2-2.prt，将操作步骤填入表 3-2-1 中。

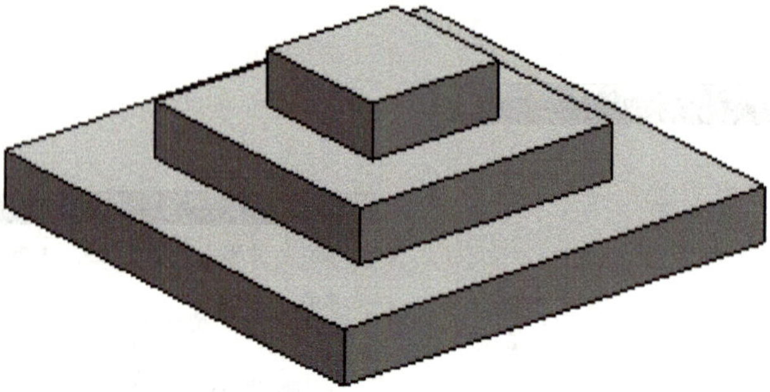

图 3-2-42

表 3-2-1

操 作 名 称	操 作 步 骤	备　注

（2）完成图 3-2-43 所示零件模型的切削加工，源文件位置为 X:/3 mill_planar/3-2-3.prt，将操作步骤填入表 3-2-2 中。

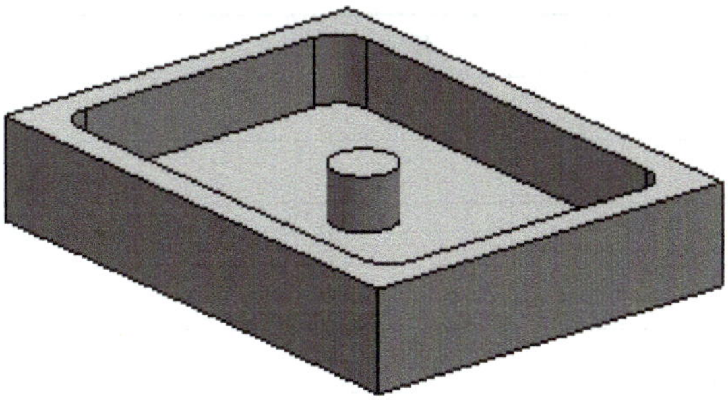

图　3-2-43

表　3-2-2

操 作 名 称	操 作 步 骤	备 注

（3）完成图 3-2-44 所示零件模型的切削加工，源文件位置为 X:/3 mill_planar/3-2-4. prt，将操作步骤填入表 3-2-3 中。

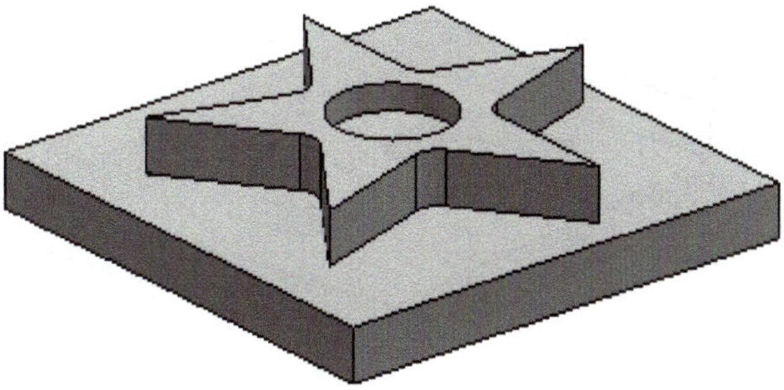

图　3-2-44

表 3-2-3

操 作 名 称	操 作 步 骤	备　注

（4）完成图 3-2-45 所示零件模型的切削加工，源文件位置为 X:/3 mill_planar/3-2-5. prt 将操作步骤填入表 3-2-4 中。

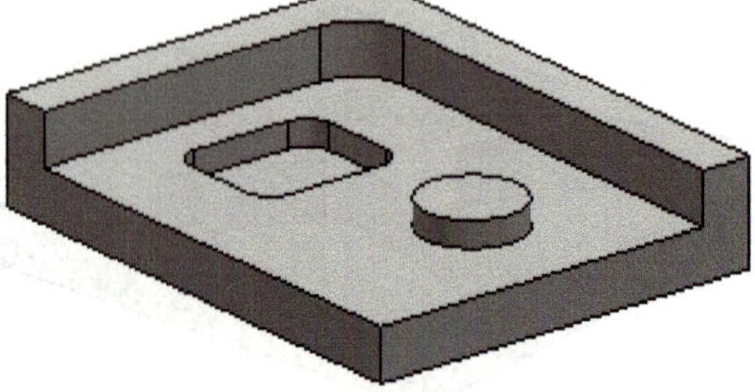

图　3-2-45

表　3-2-4

操 作 名 称	操 作 步 骤	备　　注

💡 小提示

1. "练—练"部分每个任务后面都提供了一定数量的表格，学者可以根据需要将程序和操作填入其中。

2. 同一个零件可以采用不同的工艺顺序进行加工，学生可以根据实际情况尝试用不同的方法进行加工程序和操作的创建，看看有何区别。

项目四

型腔铣削加工

任务一　型腔铣削加工基础

任务目标

（1）能比较分析型腔铣削加工操作与平面铣削加工操作的区别。

（2）了解型腔铣削加工操作的类型及应用，进一步提升学生分析问题的能力。

（3）掌握型腔铣削加工的相关参数设置及操作基本流程。

知识链接

（一）概述

型腔铣削加工可用来在某个面内切除曲面零件的材料，特别是平面铣不能加工的型腔轮廓或区域内的材料。型腔铣削经常用来在精加工前对某个零件进行粗加工，它可以用来加工侧壁与底面不垂直的零件，还可以用来加工底面不是平面的零件，如模具的型腔或者型芯，如图 4-1-1 所示。

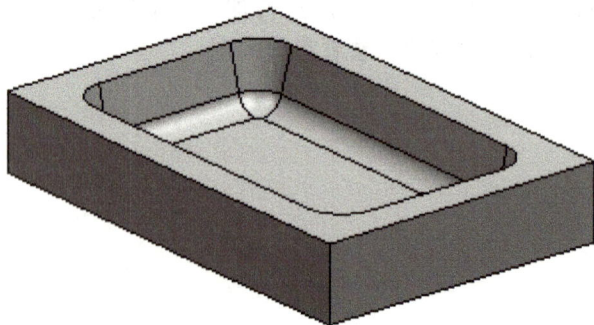

图　4-1-1

型腔铣削和平面铣削相比有很多相同点和不同点，弄清它们之间的差异可以更有效地区分彼此的适用范围，从而提高工作效率。

108

1. 相同点

1）型腔铣削加工和平面铣削加工的创建步骤基本相同，都需要在【创建操作】对话框中定义部件几何体、指定加工刀具、设置刀轨参数和生成刀具轨迹。

2）型腔铣削加工和平面铣削加工的刀具轴线都垂直于切削层平面，并且在该平面内生成刀具轨迹。

3）型腔铣削加工和平面铣削加工的切削模式基本相同，都包括【往复】、【单向】、【单向轮廓】、【跟随周边】、【跟随部件】、【摆线】和【配置文件】等切削模式。

4）在创建型腔铣削操作和平面铣削操作时，定义几何体、指定加工刀具、设置参数（如【步距】、【切削参数】、【非切削移动】、【进给和速度】、【机床】和【显示选项】等）方法基本相同。

5）完成参数设置后，型腔铣削操作和平面铣削操作的刀具轨迹的生成方法和验证方法基本相同。

2. 不同点

1）型腔铣削操作的刀具轴线只需要垂直于切削层平面；平面铣削操作的刀具轴线不仅需要垂直于切削层平面，而且还要垂直于部件底面。因此，平面铣削操作适合加工侧面与底面垂直的、岛屿顶部和腔槽底部为平面的零件，而型腔铣削却可以用来加工侧面与底面不垂直的或岛屿顶部和腔槽底部为曲面的零件。

2）型腔铣削一般用于零件的粗加工；平面铣削既可以用于零件的粗加工，也可以用于零件的精加工。

3）在型腔铣削操作中，可以通过任何几何对象来定义加工几何体；在平面铣削操作中只能通过边界来定义加工几何体。

4）在型腔铣削操作中，通过部件几何体和毛坯几何体来确定切削深度；在平面铣削操作中通过部件边界和底面之间的距离来确定切削深度。

5）在型腔铣削操作中不需要指定部件底面，但是需要指定切削区域；在平面铣削操作中需要用户指定部件底面，通过边界来确定切削区域。

（二）型腔铣削操作的创建方法

1. 创建型腔铣削操作

单击【插入】工具条中的【创建操作】按钮，打开图 4-1-2 所示的【创建操作】对话框，系统提示用户"选择类型、子类型、位置，并指定操作名"。

在【类型】下拉列表框中选择【mill_contour】选项，指定型腔铣削操作类型。

在【操作子类型】中有【CAVITY_MILL】通用型腔铣、【PLUNGE_MILLING】插铣、【CORNER_ROUGH】角落粗加工型腔铣、【REST_MILLING】剩余型腔铣_使用基于层铣削、【ZLEVEL_PROFILE】等高曲面轮廓型腔铣_使用轮廓切削方式和【ZLEVEL_CORNER】陡峭区域等高轮廓型腔铣_清理拐角加工 6 种型腔铣削加工类型。其中，通用型腔铣是最常用的操作子类型，基本可以满足一般的型腔铣削加工要求，其他的一些加工方式都是在此加工方式上改进和演变而来的。

在【操作子类型】选项中选择【CAVITY_MILL】（通用型腔铣）操作子类型。在【位置】选项组中选择合适的【程序】、【刀具】、【几何体】和【方法】。在【名称】文本框中输入合适的操作名称，也可以使用系统默认名称。单击【确定】按钮，打开图 4-1-3 所示【型腔铣】对话框，系统提示用户"指定参数"。用户可以对【几何体】、【刀具】、【刀轴】、【刀轨设置】、【机床控制】、【程序】、【选项】和【操作】等参数选项组进行设置。

型腔铣削操作子类型

图 4-1-2

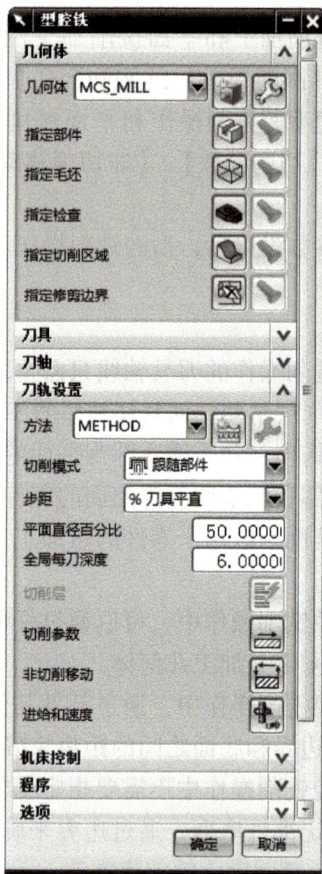

图 4-1-3

2. 定义几何体

【型腔铣】几何体选项组设置包括【几何体】、【指定部件】、【指定毛坯】、【指定检查】、【指定切削区域】和【指定修剪边界】6 个选项（图 4-1-4），用户可以根据需要对相关选项进行设置。

（1）几何体　几何体是铣削加工的基础部分，一般包括加工坐标系（MCS）、部件几何体（Part Geometry）和毛坯几何体（Blank Geometry）等信息，具体的指定方法与平面铣削操作中的指定方法相同，在此不再赘述。

（2）指定部件　部件几何体用来指定铣削加工

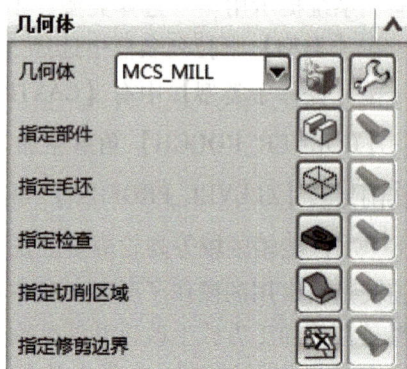

图 4-1-4

的几何体对象，它定义了刀具的走刀范围。

在【几何体】选项组中单击【选择和编辑部件几何体】按钮 ，打开图 4-1-5 所示的【部件几何体】对话框，系统提示用户"选择部件几何体"。

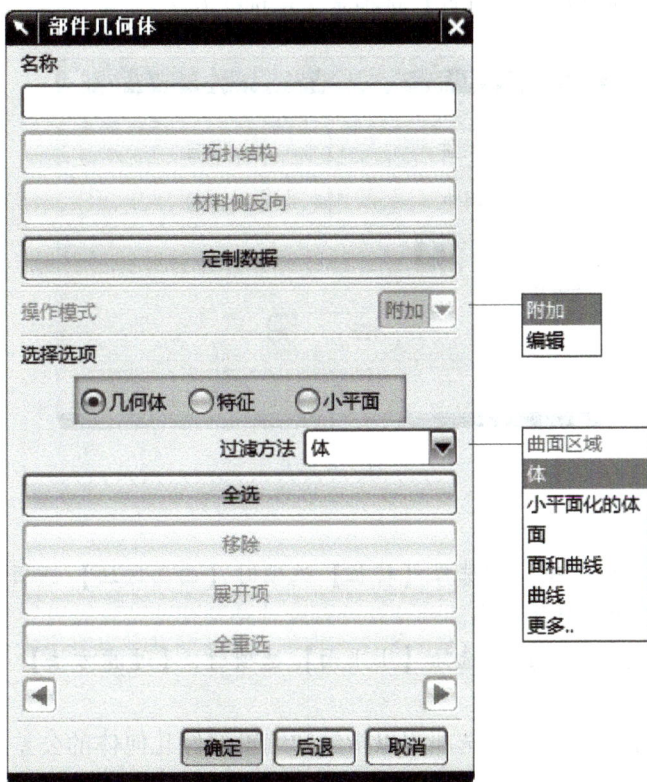

图　4-1-5

1）部件几何体的操作模式有【附加】和【编辑】两种。选择【附加】选项，用户可以根据需要指定新的部件几何体；选择【编辑】选项，用户可以对已有部件几何体的相关参数选项进行编辑和修改。

小贴士：

如果当前操作还未指定部件几何体，【操作模式】下拉列表框显示为灰色，系统默认当前的操作模式为增加一个部件几何体。

2）部件几何体的选择选项有【几何体】、【特征】和【小平面】3 种。

点选【几何体】选项，指定选择的对象为几何体；点选【特征】选项，指定选择的对象为特征；点选【小平面】选项，指定选择的对象为小平面。

3）部件几何体的过滤方法有【曲面区域】、【体】、【小平面化的体】、【面】、【面和曲线】、【曲线】和【更多】7 种。

选择【曲面区域】选项，用户可以通过选择一些曲面区域来定义部件几何体。

选择【体】选项，用户可以通过选择一些实体几何来定义部件几何体。

选择【小平面化的体】选项，用户可以通过选择一些小平面体来定义部件几何体。

选择【面】选项，用户可以通过选择一些曲面来定义部件几何体。

选择【面和曲线】选项，用户可以通过选择一些曲面和曲线来定义部件几何体。

选择【曲线】选项，用户可以通过选择一些曲线来定义部件几何体。

选择【更多】选项，打开图 4-1-6 所示的【选择方法】对话框。用户可以通过选择【类型】、【图层】、【其他】和【重置】选项来确定选择方法。

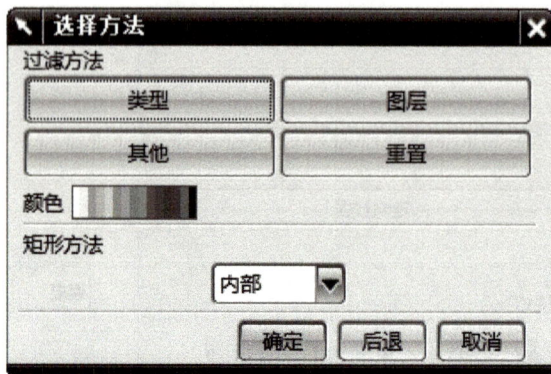

图 4-1-6

小贴士：

① 当用户在【选择选项】中选择【特征】选项时【曲面区域】选项才被激活，此时其他过滤方法选项均处于不激活状态。

② 当用户在【选择选项】中选择【小平面】选项时，【过滤方法】中仅有【小平面化的体】选项处于激活状态。

4) 拓扑结构。【拓扑结构】选项用以指定和编辑部件几何体的公差、材料侧、检查或者编辑壳等。

创建操作时，如未在图 4-1-2 所示的【创建操作】对话框内指定有效的几何体，【型腔铣】对话框内的【指定或编辑部件几何体】按钮处于凸显可选状态，【显示】按钮处于灰色不可选状态（图 4-1-4），此时单击【指定或编辑部件几何体】按钮，打开【部件几何体】对话框，【拓扑结构】选项处于未激活状态（图 4-1-5）。

创建操作时，如在图 4-1-2 所示的【创建操作】对话框内指定有效的几何体（如【WORKPIECE】，前提是已指定好【WORKPIECE】所对应的模型几何体），在【型腔铣】对话框内的【指定或编辑部件几何体】按钮处于灰色不可选状态，【显示】按钮处于凸显可选状态，如图 4-1-7 所示。单击【几何体编辑】按钮，打开图 4-1-8a 所示的【铣削几何体】对话框；单击【指定或编辑部件几何体】按钮，打开图 4-1-8b 所示的【部件几何体】对话框，此时【拓扑结构】选项处于可选状态。

单击【拓扑结构】按钮，打开图 4-1-9 所示的【拓扑结构】对话框，用户可以根据需要对各个参数选项进行设置。

设置完成后，连续单击 3 次【确定】按钮，返回【型腔铣】对话框，完成部件几何体的指定或编辑。

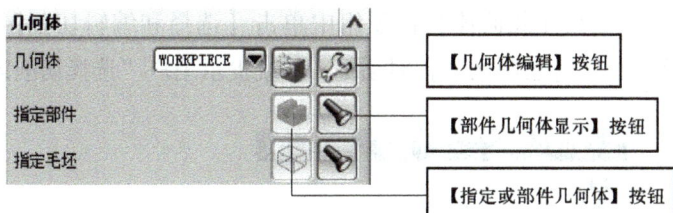

图　4-1-7

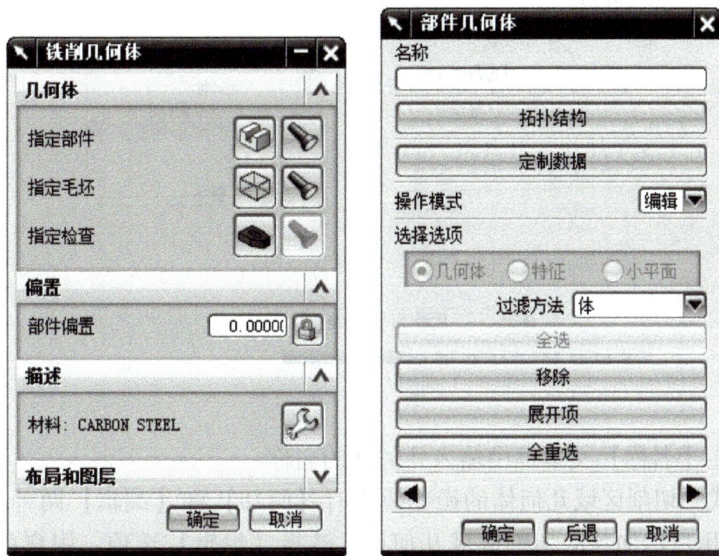

a)　　　　　　　　　　　　　b)

图　4-1-8

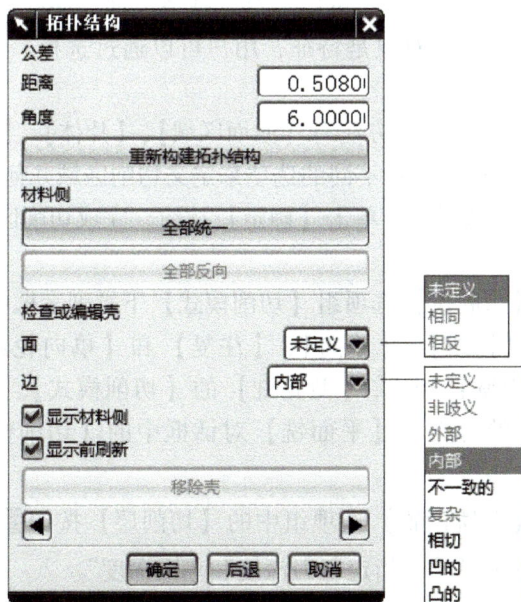

图　4-1-9

（3）指定切削区域　在【几何体】选项组中单击【选择和编辑切削区域几何体】按钮，打开图4-1-10所示的【切削区域】对话框，系统提示用户"选择切削区域几何体"。

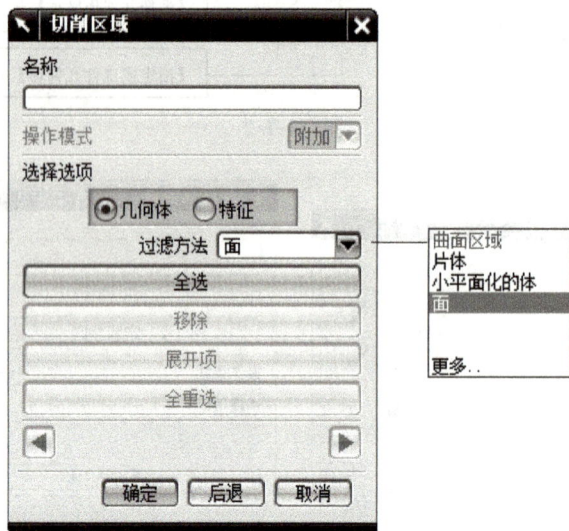

图　4-1-10

1）名称。在【名称】文本框中输入几何体的名称。

2）操作模式。切削区域几何体的操作模式有【附加】和【编辑】两种。选择【附加】选项，系统允许用户增加新的切削区域几何体；选择【编辑】选项，用户可以对已选定的切削区域几何体进行编辑。

3）选择选项。切削区域的选择选项有【几何体】和【特征】两种。点选【几何体】选项，指定选择的对象是几何体，用户可以通过选择体、面和曲线来定义切削区域几何体；点选【特征】选项，指定选择的对象是特征，用户可以通过选择一些特征来定义切削区域几何体。

4）过滤方法。切削区域的过滤方法有【曲面区域】、【片体】、【小平面化的体】、【面】和【更多】5种。用户可以通过选择不同的选项来定义切削区域几何体。

完成切削区域几何体的选择后，单击【确定】按钮，完成切削区域的指定。

3. 刀轨设置

（1）切削模式　在【型腔铣】选项组【切削模式】下拉列表框中有【跟随部件】、【跟随周边】、【配置文件】、【摆线】、【单向】、【往复】和【单向轮廓】7种切削模式，如图4-1-11所示。与【平面铣】相比，【型腔铣】的【切削模式】下拉列表框中没有【标准驱动】选项。7个选项的含义与【平面铣】对话框中的【切削模式】相同，这里不再赘述。

（2）切削层　单击【刀轨设置】选项组中的【切削层】按钮，打开图4-1-12所示的【切削层】对话框，系统提示"指定每刀深度和范围深度"。

在【切削层】对话框中，用户可以设置范围类型、全局每刀深度、切削层、范围和切削层信息等，具体说明如下：

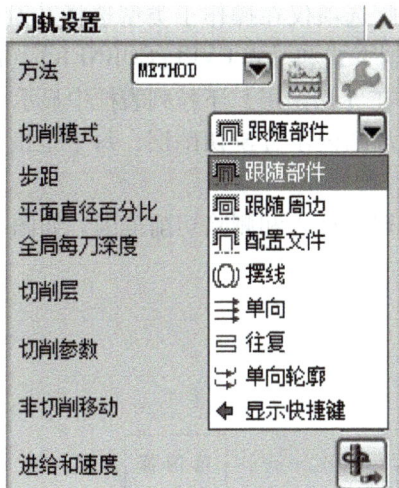

图　4-1-11

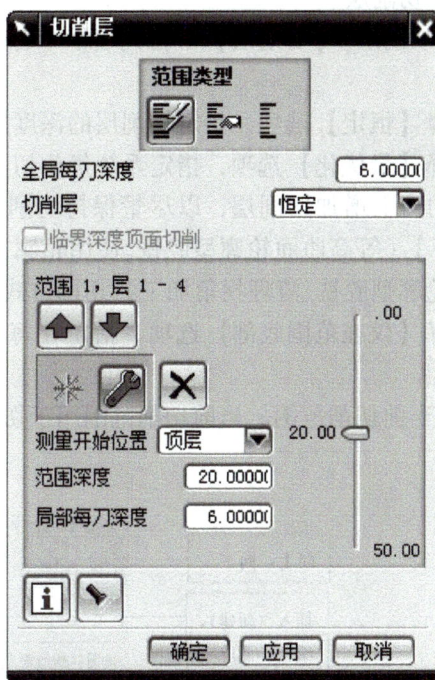

图　4-1-12

1）范围类型。【范围类型】选项组包括【自动生成】、【用户定义】和【单个】3 种类型。单击【自动生成】按钮 ，系统将根据切削区域的最高点和最低点自动生成几个切削范围，如图 4-1-13a 所示。单击【用户定义】按钮 ，用户手动定义生成切削范围，并且用户需要指定每个切削范围的底面。单击【单个】按钮 ，系统根据部件几何体和毛坯几何体只生成一个切削范围，如图 4-1-13b 所示。

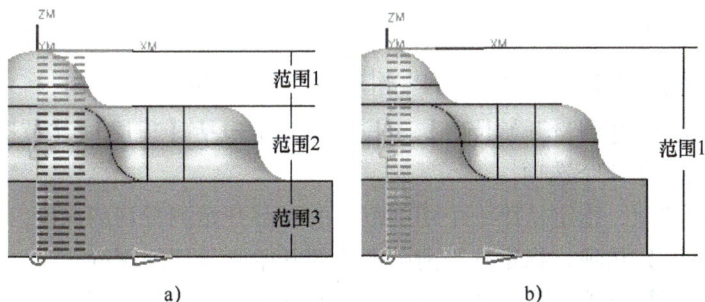

图　4-1-13

2）全局每刀深度。【全局每刀深度】文本框用来指定每个切削层的最大切削深度。在【范围类型】中选择【自动生成】或【单个】选项时，系统将根据用户指定的全局每刀深度，自动将切削区域分成若干层。

例如，当切削区域的总深度为 20mm，【全局每刀深度】文本框内输入的是 4，系统自动生成 4 个切削层。

3）切削层。【切削层】下拉列表框中有【恒定】、【最优化】和【仅在范围底部】3 个选项。

选择【恒定】选项，指定切削层的深度始终为一个恒定值。

选择【最优化】选项，指定系统优化切削层的深度。系统在比较陡峭的壁面或者斜率发生变化的面上增加切削层，以尽量保持切削均匀。此选项仅在操作子类型选择【ZLEVEL_PROFILE】（等高曲面轮廓型腔铣_使用轮廓）的切削方式和【ZLEVEL_CORNER】（陡峭区域等高轮廓型腔铣_清理拐角加工）切削方式时才会在【切削层】下拉列表框中显示。

选择【仅在范围底部】选项，指定在每个切削范围内不分割切削层，每个范围只有一个切削层。

4）当前切削范围。当前切削范围用于切换、编辑、插入和删除切削范围，如图 4-1-14 所示。

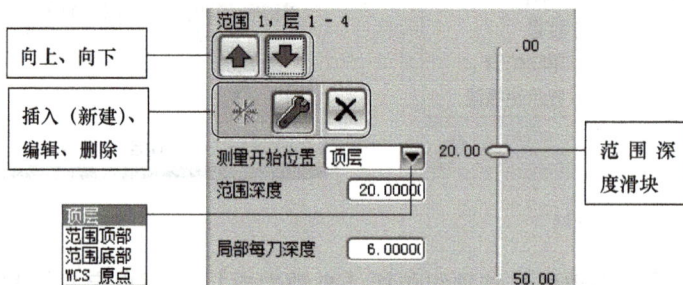

图 4-1-14

单击【向上】按钮 ⬆️，切削范围由当前切削范围切换至上一个切削范围。

单击【向下】按钮 ⬇️，切削范围由当前切削范围切换至下一个切削范围。

单击【插入范围】按钮 ❇️，可以新增一个切削范围。

单击【编辑当前范围】按钮 🔧，可以编辑当前的切削范围。

单击【删除当前范围】按钮 ❌，可以删除当前切削范围。

5）测量开始位置。【测量开始位置】下拉列表框中包括【顶层】、【范围顶部】、【范围底部】和【WCS 原点】4 个选项。

选择【顶层】选项，指定从第一个切削范围的顶部开始测量切削深度。

选择【范围顶部】选项，指定从当前范围顶部开始测量切削深度。

选择【范围底部】选项，指定从当前范围底部开始测量切削深度。

选择【WCS 原点】选项，指定从加工坐标系的原点开始测量切削深度。

6）范围深度。【范围深度】文本框用来指定每个切削范围的切削深度。输入数值后，系统根据用户指定的开始测量位置（从顶层、从范围顶部、从范围底部和从 WCS 原点等）计算得到新的切削范围底部。

小贴士：

【范围深度】文本框中输入的数值可以为正值，也可以为负值。输入正值时，切削范围在开始测量位置的上方；输入负值时，切削范围在开始测量位置的下方。

除了在【范围深度】文本框中输入范围深度外，还可以通过拖动右侧的滑块来指定范围深度。拖动滑块时，【范围深度】文本框中的数值也随之发生变化。

7）局部每刀深度。【局部每刀深度】文本框用来指定某个切削范围内每个切削层的深度，如图4-1-15所示。对不同的切削范围设置不同的局部每刀深度，可以在某个切削范围内多切除一些材料，而在另一个切削范围内少切除一些材料，用户可以根据需要进行设置。

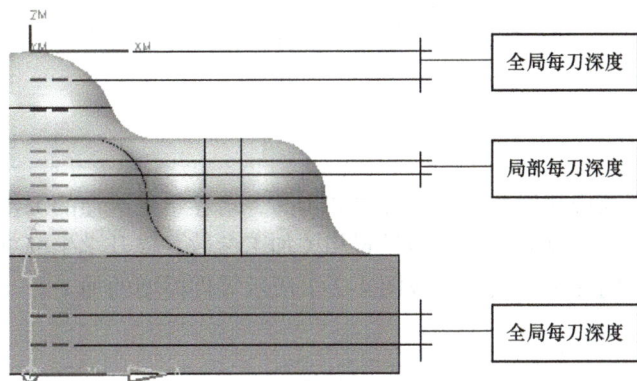

图　4-1-15

8）信息和显示。单击【信息】按钮 ⅰ，系统打开图4-1-16所示的【信息】窗口。在【信息】窗口中，系统列出了切削层范围数、层数和范围类型，以及顶层点等信息。

单击【信息显示】按钮 ，系统将所有切削范围高亮显示在绘图工作区域。

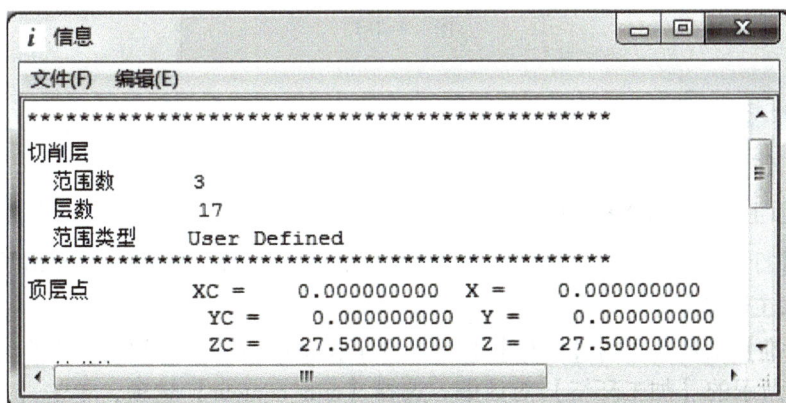

图　4-1-16

4. 其余参数选项设置

【刀具】、【刀轴】、【机床控制】、【程序】、【选项】和【操作】等选项参数设置在前面的项目任务里已做过讲解，在此不再赘述。

单击【确定】按钮，完成【型腔铣】操作的创建。用户可以在操作导航器内选中该操作，然后进行刀轨确认和后处理等操作。

（1）型腔铣削的种类有哪些？

（2）型腔铣削与平面铣削的区别有哪些？

（3）型腔铣削操作的创建过程是怎样的？

（4）型腔铣削操作的切削层范围有哪些类型？如何设置？

任务二　型腔铣削加工范例

♀ 任务目标

（1）熟练掌握型腔铣削操作的创建方法和步骤，培养学生严谨的工作作风。

（2）根据加工需要，灵活、合理地设置相关加工参数，提升学生解决问题的综合能力。

（3）利用型腔铣削加工方法，完成图 4-2-1 所示零件模型的加工。

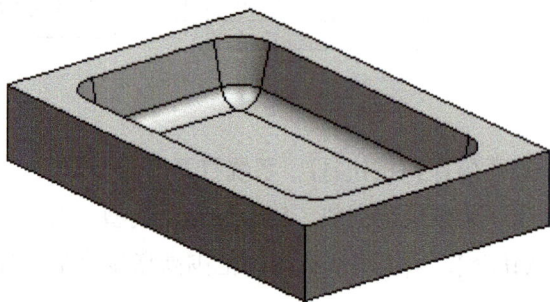

图　4-2-1

♀ 范例操作步骤

1. 准备工作

1）在桌面上双击 UG NX 6.0 图标 ，打开 UG 软件。

2）单击【打开】 按钮，找到模型文件"4-2-1.prt"，如图 4-2-2 所示，单击【OK】按钮。

2. 进入加工环境

单击【标准】工具条上的【开始】按钮，在下拉菜单中选择【加工】命令（图 4-2-3），打开图 4-2-4 所示的【加工环境】对话框。选择【mill_contour】选项，单击【确定】按钮，进入加工环境。

3. 创建刀具

（1）创建 D8R2 立铣刀　单击【插入】工具条上的【创建刀具】按钮 ，打开图 4-2-5 所示的【创建刀具】对话框。在【类型】下拉列表框中选择【mill_contour】选项，在【刀具子类型】中选择【MILL】图标 ，在刀具【位置】选项组中选择【GENERIC_MACHINE】选项，在【名称】文本框内输入刀具的名称"D8R2"，单击【确定】按钮，打开图 4-2-6 所示的【铣刀-5 参数】对话框。

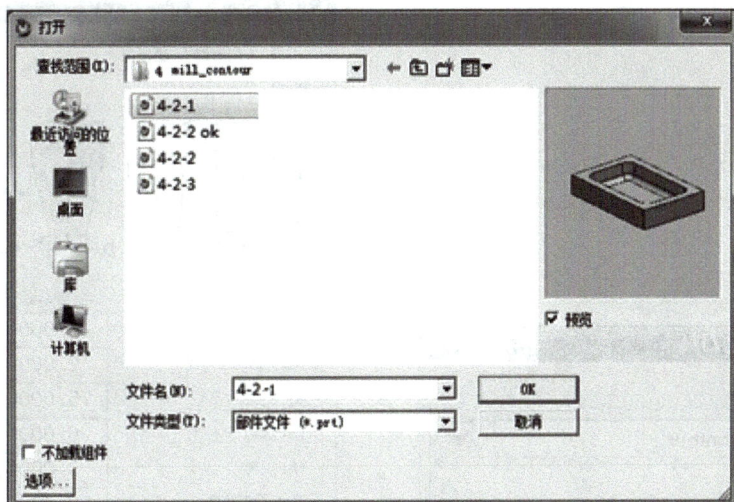

图　4-2-2

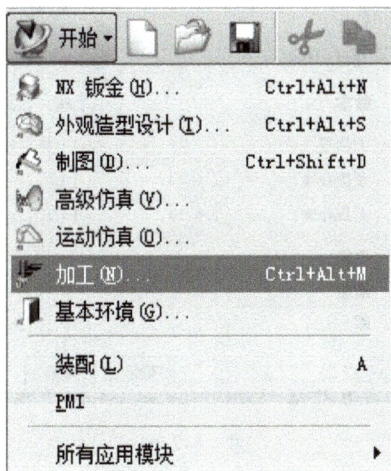

图　4-2-3

图　4-2-4

在【铣刀-5 参数】对话框的【刀具】选项卡中，在【尺寸】选项组中的【直径】文本框内输入 "8mm"，在【底圆角半径】文本框内输入 "2mm"。在【数字】选项组【刀具号】文本框内输入 "1"，在【长度补偿】文本框内输入 "1"，在【刀具补偿】文本框内输入 "1"。其他参数选项暂时选用默认值，如有需要可以根据实际情况进行更改和指定。

单击【确定】按钮，完成 D8R2 立铣刀的创建。

（2）创建 D6R2 立铣刀　用同样的方法创建 D6R2 立铣刀。在【铣刀-5 参数】对话框【刀具】选项卡中，在【尺寸】选项组中的【直径】文本框内输入 "6mm"，在【底圆角半径】文本框内输入 "2mm"。在【数字】选项组中的【刀具号】文本框内输入 "2"，在【长度补偿】文本框内输入 "2"，在【刀具补偿】文本框内输入 "2"。其他参数选项选用默认值。

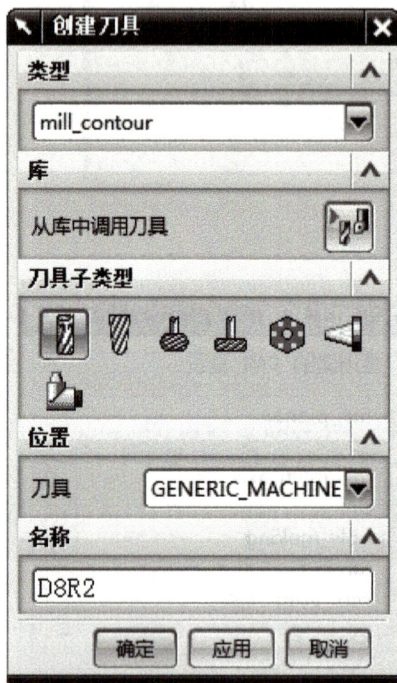

图 4-2-5

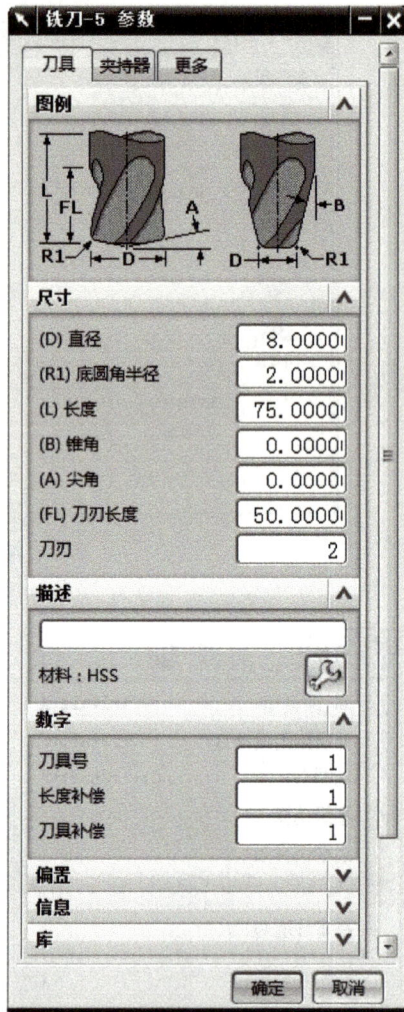

图 4-2-6

4. 创建几何体

（1）设置坐标系 单击【几何视图】按钮 🖫，操作导航器切换到【操作导航器-几何】界面，如图 4-2-7 所示。

双击【MCS_MILL】图标，打开图 4-2-8 所示的【Mill Orient】对话框，将 XM-YM-ZM 坐标系原点调整至与 XC-YC-ZC 坐标系原点重合。

（2）设置几何体 在【操作导航器-几何】界面中双击【WORKPIECE】图标 🗃 WORKPIECE，打开图 4-2-9 所示的【铣削几何体】对话框。

单击【选择或编辑部件几何体】图标 🗃，打开图 4-2-10 所示的【部件几何体】对话框。在【选择

图 4-2-7

120

选项】点选【几何体】复选项，在【过滤方法】下拉列表框中选择【体】选项，单击【全选】按钮，选中图 4-2-11 所示的模型几何体。单击【确定】按钮，完成部件几何体的指定。

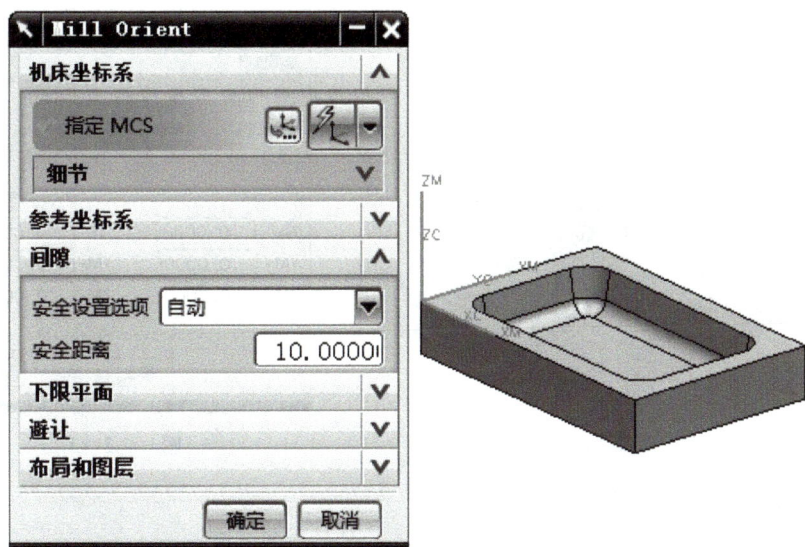

图 4-2-8

图 4-2-9

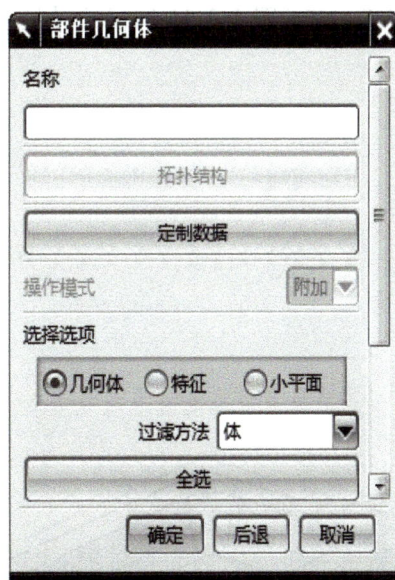

图 4-2-10

单击【选择或编辑毛坯几何体】图标 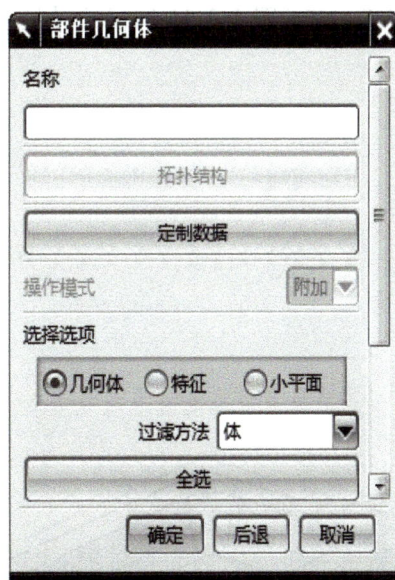，打开图 4-2-12 所示的【毛坯几何体】对话框。在【选择选项】点选【自动块】复选项，在【ZM +】文本框内输入"2mm"，毛坯预览如图 4-2-13 所示。单击【确定】按钮，完成毛坯几何体的指定。

图 4-2-11

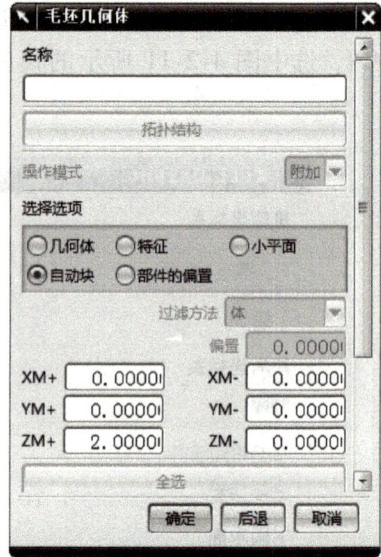

图 4-2-12

5. 创建操作

（1）创建型腔铣粗加工（部件余量为 1mm）

1）创建型腔铣操作。单击【创建操作】按钮 ，打开【创建操作】对话框，在【操作子类型】中选择【CAVITY_MILL】操作类型，其他参数选项设置如图 4-2-14 所示。单击【确定】按钮，打开图 4-2-15 所示的【型腔铣】对话框。

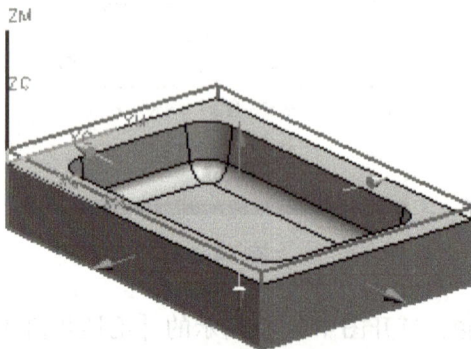

图 4-2-13

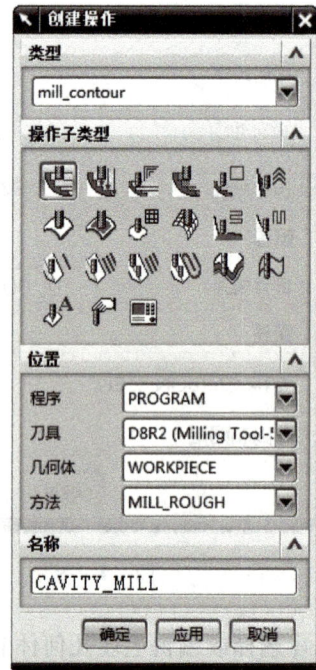

图 4-2-14

2）设置切削层。单击【刀轨设置】选项组中的【切削层】按钮，打开图 4-2-16 所示的【切削层】对话框。

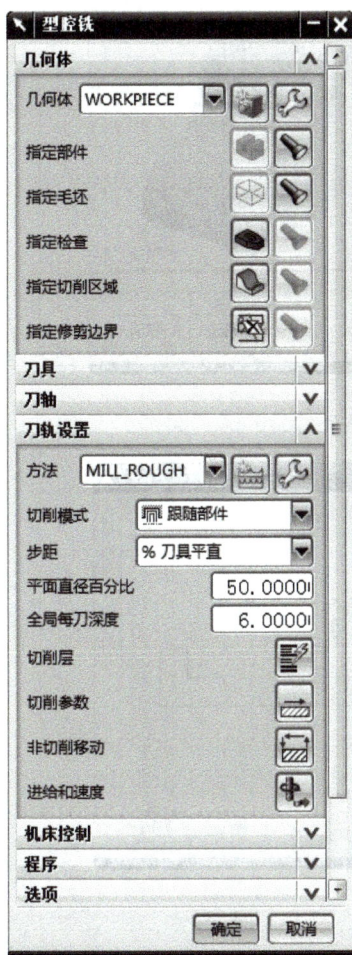

图 4-2-15

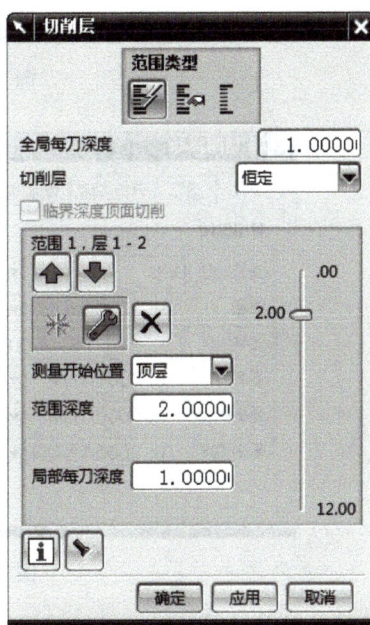

图 4-2-16

在【范围类型】选项组中选择【自动生成】选项，在【全局每刀深度】文本框内输入"1mm"，其余参数选项使用默认值。单击【应用】按钮，单击【确定】按钮，完成切削层参数的设置。

3）设置切削参数。单击【刀轨设置】选项组中的【切削参数】按钮，打开【切削参数】对话框并切换至【空间范围】选项卡，如图 4-2-17 所示。

在【毛坯】选项组的【处理中的工件】下拉列表框中选择【使用3D】选项，其余参数选项使用默认值。单击【确定】按钮，完成切削参数的设定。

4）设置非切削移动。单击【刀轨设置】选项组中的【非切削移动】按钮，打开【非切削移动】对话框并切换至【进刀】选项卡，如图 4-2-18 所示。

将【封闭区域】选项组的【倾斜角度】文本框内将角度数值改为"5"，其余参数选项使用默认值。单击【确定】按钮，完成非切削移动参数选项的设定。

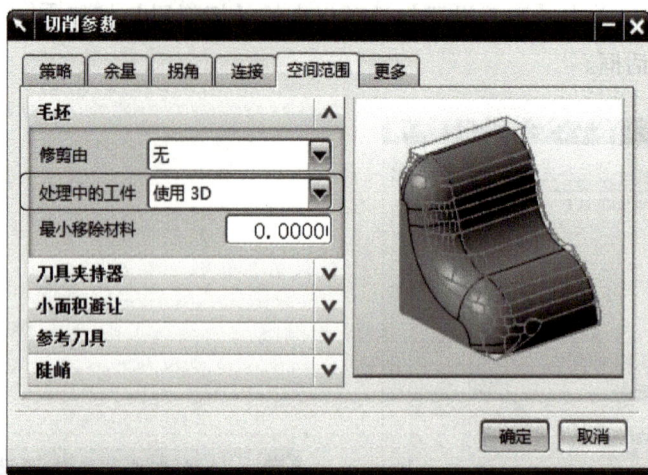

图 4-2-17

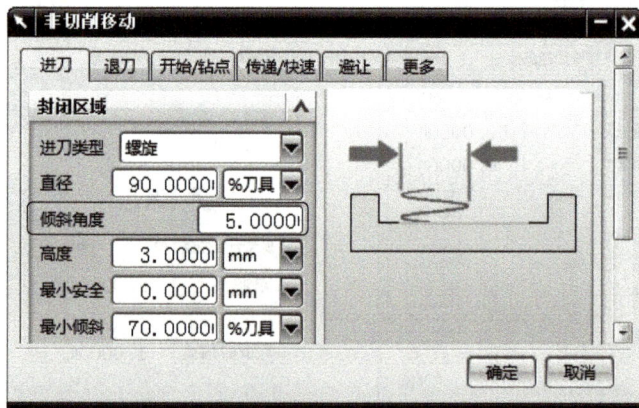

图 4-2-18

5）设置进给和速度。单击【刀轨设置】选项组中的【进给和速度】按钮，打开
【进给和速度】对话框，如图 4-2-19 所示。

在【主轴速度（rpm）】文本框内输入
"3000r/min"，其余参数选项使用默认值。单
击【确定】按钮，完成【进给和速度】参数
选项的设定。

6）生成/确认刀具轨迹。设置好以上参
数选项后，其余参数选项暂使用默认值。单
击【操作】选项组内的【生成】按钮，
生成图 4-2-20 所示的刀具轨迹。

单击【操作】选项组中的【确认】按
钮，对生成的刀轨进行可视化验证，结
果如图 4-2-21 所示。

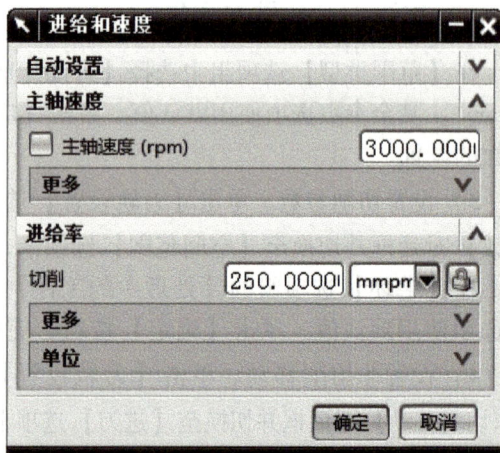

图 4-2-19

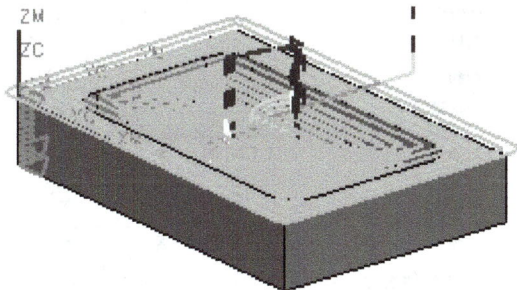

图　4-2-20 　　　　　　　　　　　　　图　4-2-21

（2）创建型腔铣精加工（部件余量为 0mm）

1）创建型腔铣操作。单击导航器工具条中的【程序顺序视图】按钮，在程序顺序视图中用鼠标右键单击【CAVITY_MILL】操作，在弹出的快捷菜单中选择【复制】命令，如图 4-2-22a 所示。用鼠标右键单击【PROGRAM】，在弹出的快捷菜单中选择【内部粘贴】命令，如图 4-2-22b 所示。在【PROGRAM】下生成"CAVITY_MILL_COPY"操作，如图 4-2-22c 所示。将"CAVITY_MILL_COPY"操作重命名为"CAVITY_MILL_1"，如图 4-2-22d 所示。

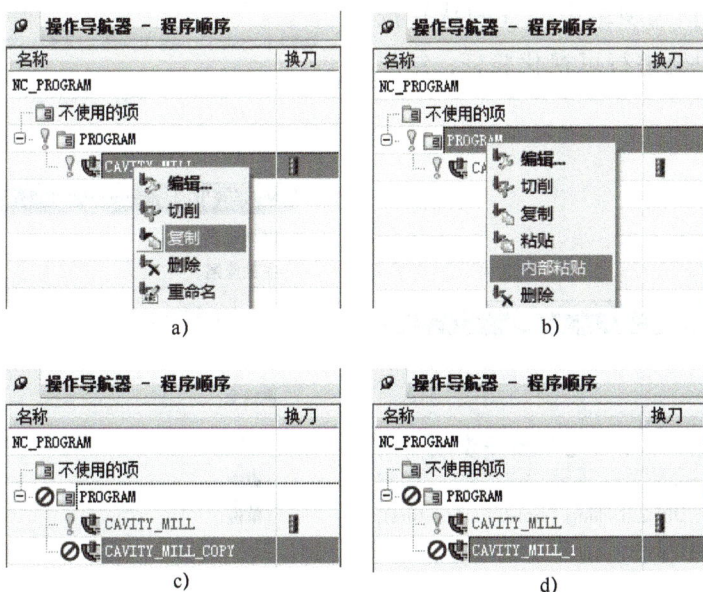

图　4-2-22

在程序顺序视图中双击"CAVITY_MILL_1"操作，打开图 4-2-23 所示的【型腔铣】对话框，系统提示"指定参数"。

2）选择刀具。在【型腔铣】对话框的【刀具】选项组的【刀具】下拉列表框中选择【D6R2】铣刀，如图 4-2-24 所示。

3）选择加工方法。在【刀轨设置】选项组的【方法】下拉列表框中选择【MILL_FIN-ISH】选项。

4）设置"全局每刀深度"。在【刀轨设置】选项组的【全局每刀深度】文本框中输入【0.4mm】。

5）设置进给和速度。单击【刀轨设置】选项组中的【进给和速度】按钮，打开【进给和速度】对话框，如图4-2-25所示。

在【主轴速度（rpm）】文本框内输入"4000r/min"，其余参数选项使用默认值。单击【确定】按钮，完成进给和速度参数选项的设定。

6）生成/确认刀具轨迹。设置好以上参数选项，其余参数选项暂使用默认值。单击【操作】选项组中的【生成】按钮，生成图4-2-26所示的刀具轨迹。

单击【操作】选项组中的【确认】按钮，对生成的刀轨进行可视化验证，结果如图4-2-27所示。

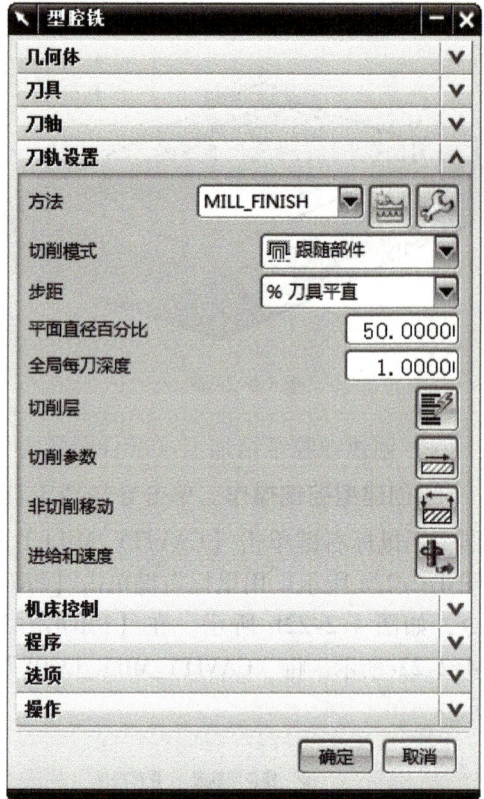

图　4-2-23

图　4-2-24

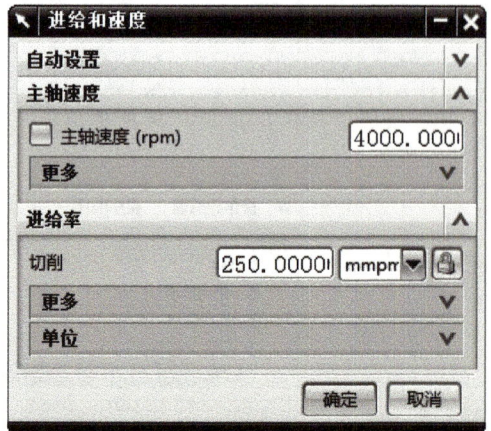

图　4-2-25

6. 后处理

单击导航器工具条中的【程序顺序视图】按钮，在程序顺序视图单击选中【PRO-GRAM】。单击【操作】工具条中的【后处理】按钮，打开图4-2-28所示的【后处理】

对话框。在【后处理器】列表框中选择【MILL_3_AXIS】类型处理器，在【文件名】文本框内输入输出 NC 程序的文件名，勾选【设置】选项组的【列出输出】选项。单击【确定】按钮后打开图 4-2-29 所示的【信息】窗口。

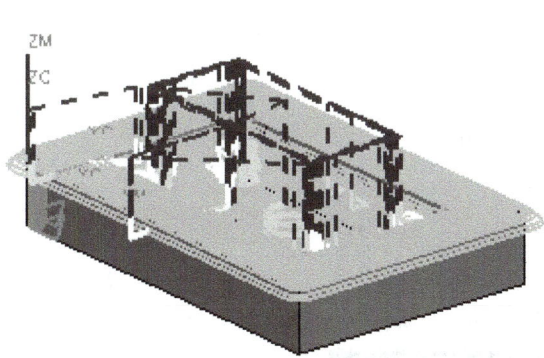

图　4-2-26

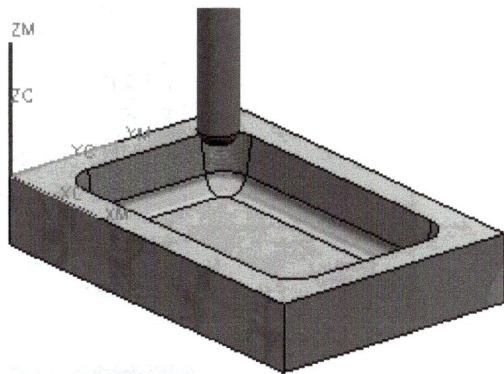

图　4-2-27

图　4-2-28

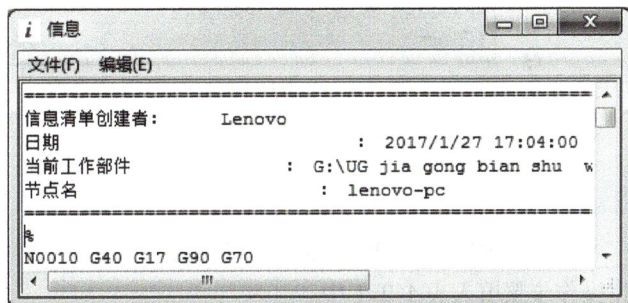

图　4-2-29

7. 生成车间文档

单击【操作】工具条中的【后处理】按钮，打开图 4-2-30 所示的【车间文档】对话框。在【报告格式】列表框中选择【Operation List（TEXT）】格式，在【文件名】文本框内输入输出车间文档的文件名，勾选【设置】选项组的【显示输出】选项。单击【确定】按钮后打开图 4-2-31 所示的【信息】提示窗口。

图 4-2-30

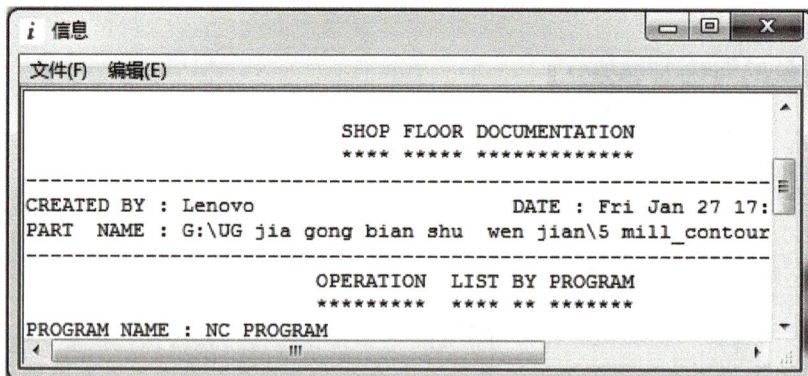

图 4-2-31

☆ 练一练

（1）完成图 4-2-32 所示零件模型的切削加工，源文件位置为 X：/4mill_contour/4-2-2.prt，将操作步骤填入表4-2-1中。

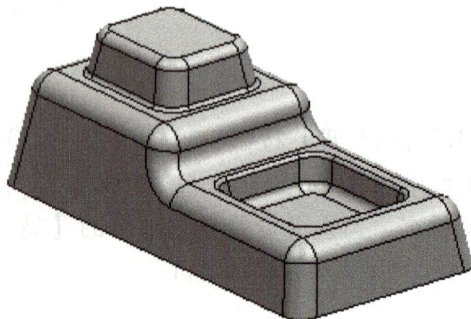

图 4-2-32

表 4-2-1

操 作 名 称	操 作 步 骤	备 注

（2）完成图 4-2-33 所示零件模型的切削加工，源文件位置为 X:/4mill_contour/4-2-3. prt，将操作步骤填入表4-2-2 中。

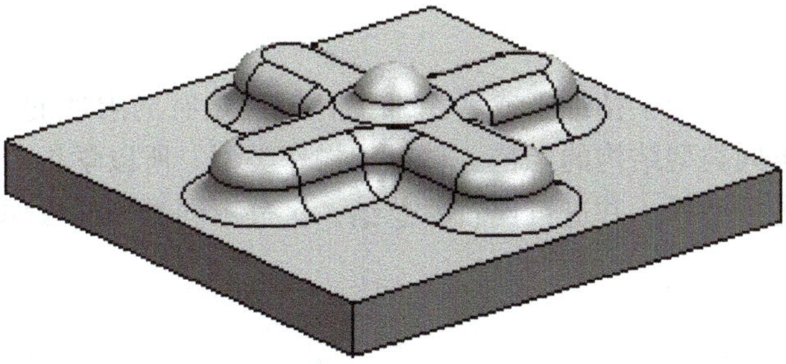

图 4-2-33

表 4-2-2

操 作 名 称	操 作 步 骤	备 注

🔧 小技巧

型腔铣一般多用于零件的粗加工，也可以用于半精加工或者精加工，遇到这种情况时，可以利用复制、粘贴功能创建操作，对应更改操作中的几何体、刀具及导轨设置等相关参数内容即可，借此提高编程效率。

🔧 注意事项

虽然型腔铣也可以用于半精加工或者精加工，但也是有局限性的。在型腔铣大类里，提供了诸多适用于不同类型结构的半精、精加工操作类型。所以学生应放开眼界，尝试选择不同类型的操作进行编程，并进行比较、总结，区分不同类型的操作，从而在后续的编程中加以使用。

等高曲面轮廓铣削加工

任务一　等高曲面轮廓铣削加工基础

任务目标

（1）了解等高曲面轮廓铣削加工操作的适用范围，拓展学生的专业视野。

（2）掌握等高曲面轮廓铣削加工参数选项的设置方法。

（3）熟悉创建等高曲面轮廓铣削加工操作的基本流程。

知识链接

（一）概述

　　等高曲面轮廓铣削加工是固定轴铣削加工的一种，通过多层切削加工得到零件的外形轮廓。用户可以通过指定切削区域几何体来限制刀具至加工部件的陡峭区域。如不指定切削区域几何体，系统则默认整个部件几何体都是切削区域。在刀具轨迹生成过程中，系统根据切削区域的几何形状及用户指定的陡峭角，判断是否加工指定的切削区域，并保证在每个切削层不发生过切。适合等高曲面轮廓铣削加工的零件如图 5-1-1 所示。

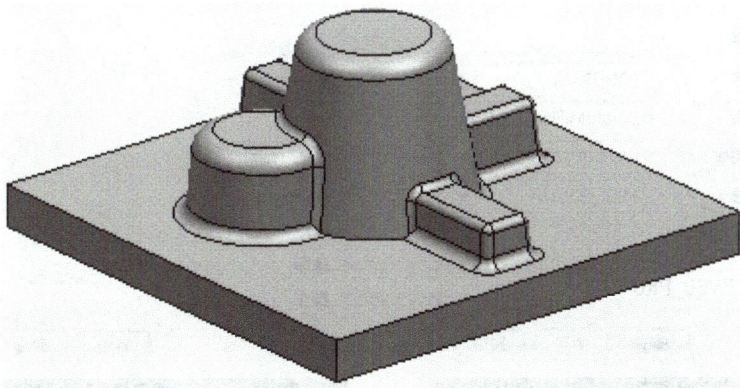

图　5-1-1

（二）等高曲面轮廓铣削操作的创建方法

1. 创建等高曲面轮廓铣削操作

单击【插入】工具条中的【创建操作】按钮![icon]，打开【创建操作】对话框，系统提示用户"选择类型、子类型、位置，并指定操作名"。

在【类型】下拉列表框中选择【mill_contour】选项，指定等高曲面轮廓铣削加工操作子类型，如图 5-1-2 所示。

在【位置】选项组中选择合适的【程序】、【刀具】、【几何体】和【方法】。在【名称】文本框中输入合适的操作名称，也可以使用系统默认名称。单击【确定】按钮，打开图 5-1-3 所示的【深度加工轮廓】对话框，系统提示用户"指定参数"。用户可以对【几何体】、【刀具】、【刀轴】、【刀轨设置】、【机床控制】、【程序】、【选项】和【操作】等参数选项进行设置。

等高曲面轮廓铣削操作子类型

图 **5-1-2**

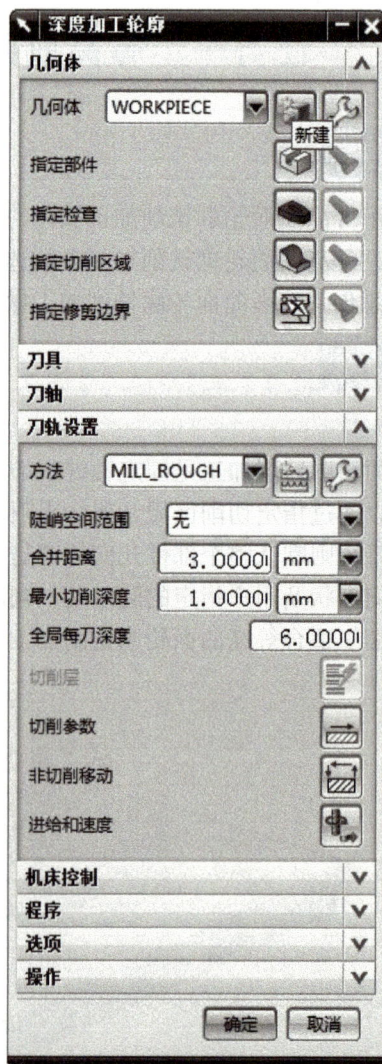

图 **5-1-3**

2. 定义几何体

在【深度加工轮廓】对话框中，【几何体】选项组设置包括【几何体】、【指定部件】、【指定检查】、【指定切削区域】和【指定修剪边界】5 个选项，如图 5-1-4 所示。与型腔铣操作相比，用户在这里不需要指定毛坯几何体，可以根据需要对相关选项进行设置，具体的指定方法与型腔铣操作中的指定方法相同，在此不再赘述。

图　5-1-4

小贴士：

如果通过【指定部件】定义整个模型为部件几何体，系统把整个部件作为加工对象。如果通过【指定切削区域】定义部件几何体，系统只对符合条件的切削区域进行切削加工。用户可以根据需要选择合适的定义方式。

3. 刀轨设置

在【深度加工轮廓】对话框中，【刀轨设置】选项组包括【方法】、【陡峭空间范围】、【合并距离】、【最小切削深度】、【全局每刀深度】、【切削层】、【切削参数】、【非切削移动】和【进给和速度】等选项，如图 5-1-5 所示。

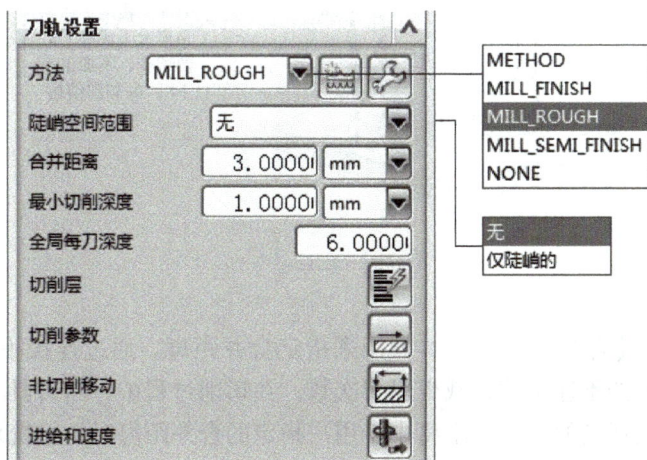

图　5-1-5

（1）陡峭空间范围 【陡峭空间范围】下拉列表框中包括【无】和【仅陡峭的】两个选项。

选择【无】选项，系统在整个切削区域内进行切削，不分陡峭区域和非陡峭区域。

选择【仅陡峭的】选项，【陡峭空间范围】下拉列表框下方显示【角度】文本框，如图 5-1-6 所示，用户可以在【角度】文本框内输入数值，指定陡峭角的临界值。此时，系统限定刀具只切削倾斜角度大于陡峭角临界值的指定切削区域（图 5-1-7），而对小于陡峭角临界值的指定切削区域不进行加工（图 5-1-8）。

图 5-1-6

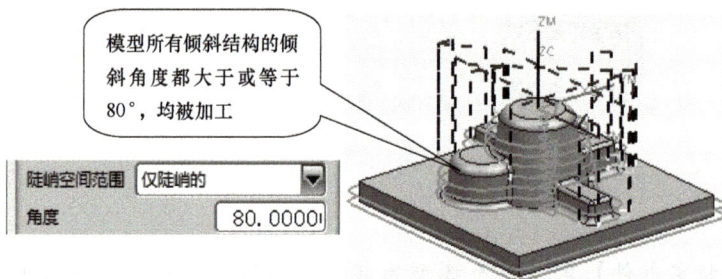

模型所有倾斜结构的倾斜角度都大于或等于80°，均被加工

图 5-1-7

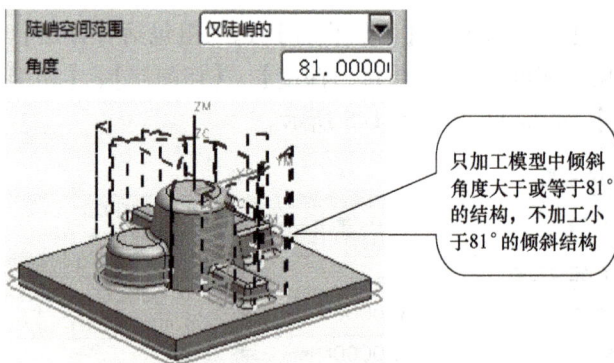

只加工模型中倾斜角度大于或等于81°的结构，不加工小于81°的倾斜结构

图 5-1-8

（2）合并距离 【合并距离】文本框用来指定合并距离。通过连接不连贯的切削运动，可以消除刀具轨迹中的不连贯性，减少退刀次数。在切削过程中，当刀具上一次切削运动的结束点与下一次切削运动的开始点距离小于用户指定的合并距离时，系统对这两个端点进行合并，以减少不必要的退刀运动，提高加工效率。

（3）最小切削深度 【最小切削深度】文本框用来指定切削过程中的最小切削深度。

（4）切削参数 在【刀轨设置】选项组中单击【切削参数】按钮，打开【切削参数】对话框，系统提示"指定切削参数"。单击【连接】标签，切换至【连接】选项卡（图5-1-9），勾选【在层之间切削】复选项后，【切削参数】对话框如图5-1-10所示。

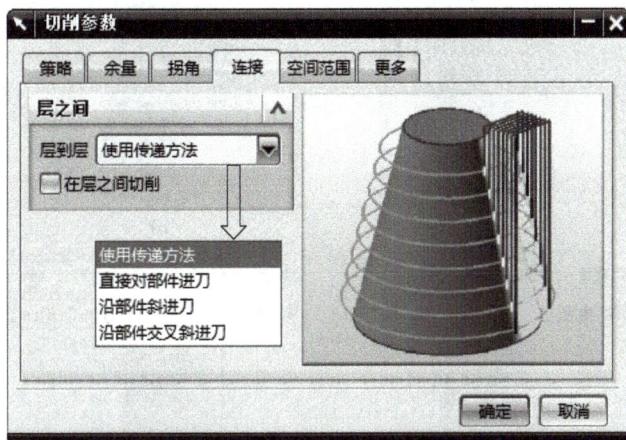

图 5-1-9

图 5-1-10

【层之间】选项组中包括【层到层】和【在层之间切削】复选项两个选项。

1）层到层。【层到层】下拉列表框中包括【使用传递方法】、【直接对部件进刀】、【沿部件斜进刀】和【沿部件交叉斜进刀】4个选项。

选择【使用传递方法】选项，指定刀具在层之间切削时使用传递方法进行切削，如图5-1-11a所示。

选择【直接对部件进刀】选项，指定刀具在层之间切削时直接对部件进行切削，如图5-1-11b所示。

选择【沿部件斜进刀】选项，指定刀具在层之间切削时沿部件斜进刀进行切削，此时需要用户指定斜进刀的倾斜角度，如图 5-1-11c 所示。

选择【沿部件交叉斜进刀】选项，指定刀具在层之间切削时沿部件交叉斜进刀进行切削，此时需要用户指定斜进刀的倾斜角度，如图 5-1-11d 所示。

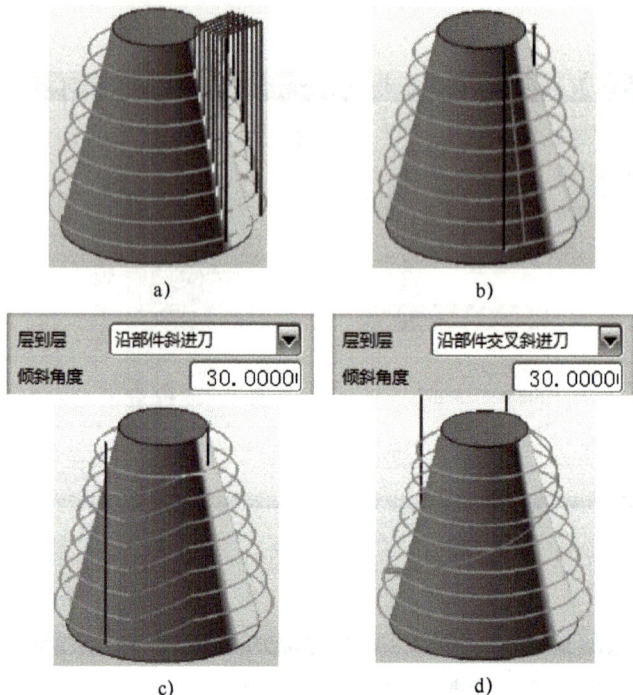

图 5-1-11

2）在层之间切削。【在层之间切削】复选项用于指定刀具是否在层之间进行切削。不勾选该复选项，则刀具不在层之间进行切削，如图 5-1-12a 所示；勾选【在层之间切削】复选项，则刀具在层之间进行切削，如图 5-1-12b 所示。

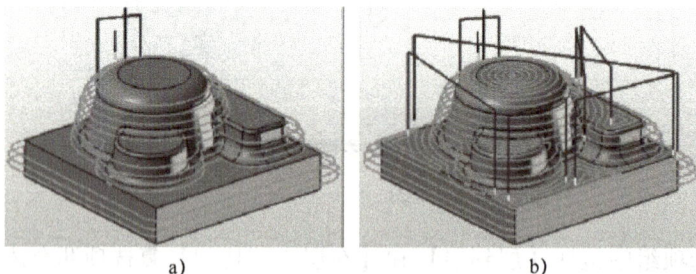

图 5-1-12

勾选【在层之间切削】复选项后，需要设置【步距】和【短距离移动上的进给】选项。

3）步距。

【步距】下拉列表框中包括【恒定】（图 5-1-13a）、【残余高度】（图 5-1-13b）、【% 刀具平直】（图 5-1-13c）和【使用切削深度】（图 5-1-13d）4 个选项，其中【使用切削深度】为系统默认选项，用户可以根据需要进行更改。

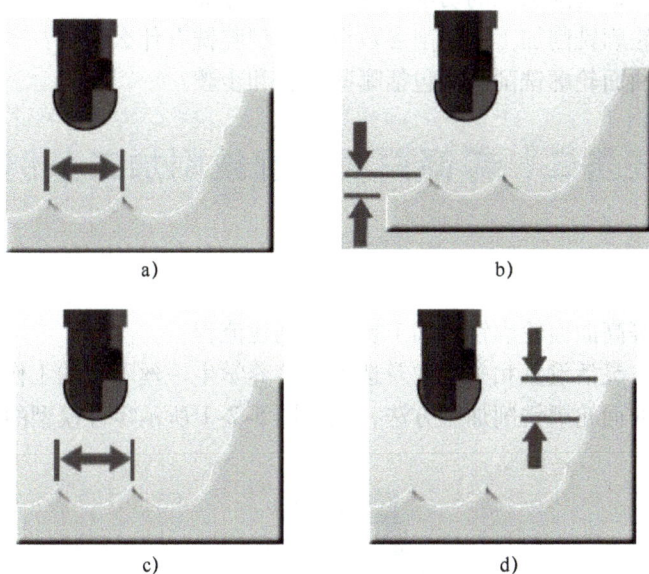

图 5-1-13

4）短距离移动上的进给。【短距离移动上的进给】复选项用于指定刀具在上一次切削运动的结束点与下一次切削运动的开始点距离较短时的进给。不勾选该复选项，则系统不做处理，如图 5-1-14a 所示；勾选该复选项，用户需要指定【最大移刀距离】，当刀具的短距离移刀距离小于用户指定的数值时，系统将对刀具轨迹进行优化处理，如图 5-1-14b 所示。

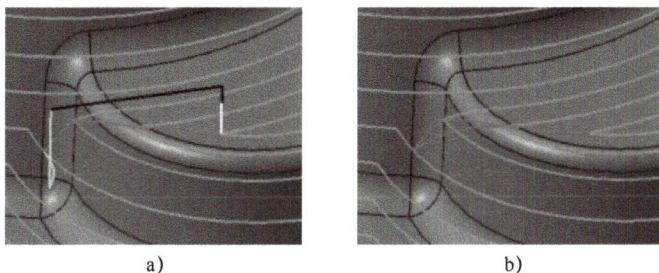

图 5-1-14

4. 其余参数选项设置

【几何体】、【刀具】、【刀轴】、【机床控制】、【程序】、【选项】和【操作】等选项参数设置在前面的项目任务里已做过讲解，在此不再赘述。

单击【确定】按钮，完成【深度加工轮廓】操作的创建。用户可以在操作导航器内选中该操作，然后进行刀轨确认和后处理等操作。

想一想

（1）等高曲面轮廓铣削加工有哪些切削模式可以选择？

（2）等高曲面轮廓铣削加工中如何设置陡峭空间范围？

(3) 等高曲面轮廓铣削加工的切削参数包括哪些方面？

(4) 等高曲面轮廓铣削加工的切削参数设置与型腔铣有什么区别？

(5) 创建等高曲面轮廓铣削加工包括哪些内容和步骤？

任务二 　等高曲面轮廓铣削加工范例

任务目标

(1) 熟练掌握等高曲面轮廓铣削加工操作的创建流程。

(2) 根据需要，灵活设置相关参数及选项，培养学生一丝不苟的工作作风。

(3) 利用等高曲面轮廓铣削加工方法，完成图 5-2-1 所示零件模型的加工。

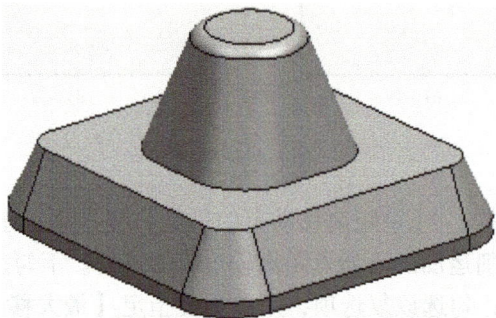

图　5-2-1

范例操作步骤

1. 准备工作

1) 在桌面上双击 UG NX 6.0 图标 ，打开 UG 软件。

2) 单击【打开】 按钮，找到模型文件 "5-2-1. prt"，如图 5-2-2 所示，单击【OK】按钮。

2. 进入加工环境

单击【标准】工具条上的【开始】按钮，在下拉菜单中选择【加工】命令（图 5-2-3），打开图 5-2-4 所示的【加工环境】对话框。选择【mill_contour】选项，单击【确定】按钮，进入加工环境。

3. 创建刀具

(1) 创建 D8R2 立铣刀　单击【插入】工具条上的【创建刀具】按钮 ，打开图 5-2-5 所示的【创建刀具】对话框。在【类型】下拉列表框中选择【mill_contour】选项，在【刀具子类型】中选择【MILL】图标 ，在刀具【位置】选项组中选择【GENERIC＿MA-CHINE】选项，在【名称】文本框内输入刀具的名称 "D8R2"，单击【确定】按钮，打开图 5-2-6 所示的【铣刀-5 参数】对话框。

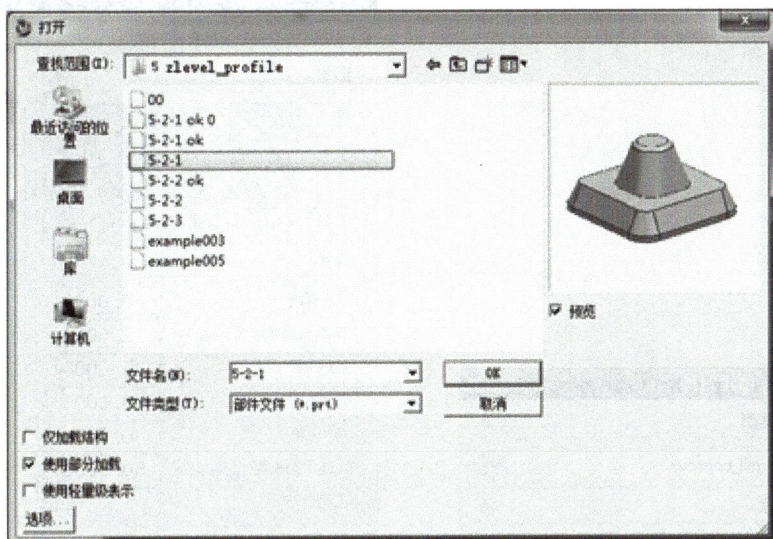

图　5-2-2

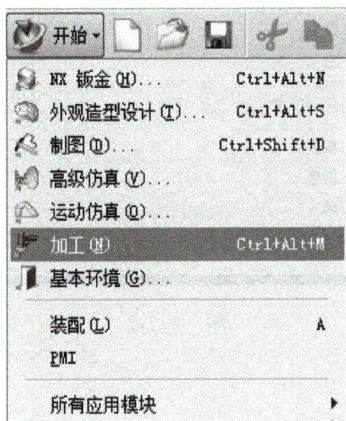

图　5-2-3

图　5-2-4

在【铣-5 参数】对话框中的【刀具】选项卡中，在【尺寸】选项组【直径】文本框内输入"8mm"，在【底圆角半径】文本框内输入"2mm"。在【数字】选项组【刀具号】文本框内输入"1"，在【长度补偿】文本框内输入"1"，在【刀具补偿】文本框内输入"1"。其他参数选项暂时选用默认值，如有需要可以根据实际情况进行更改和指定。

单击【确定】按钮，完成 D8R2 立铣刀的创建。

(2) 创建 D6R0.5 立铣刀　参考 D8R2 立铣刀创建流程，创建 D6R0.5 立铣刀。在【刀具】选项卡中，在【尺寸】选项组【直径】文本框内输入"6mm"，在【底圆角半径】文本框内输入"0.5mm"。在【数字】选项组【刀具号】文本框内输入"2"，在【长度补偿】文本框内输入"2"，在【刀具补偿】文本框内输入"2"。其他参数选项选用默认值。

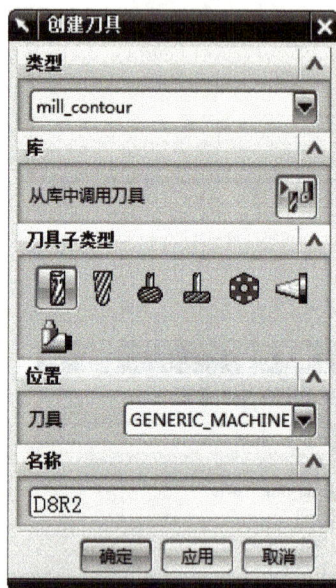

图 5-2-5

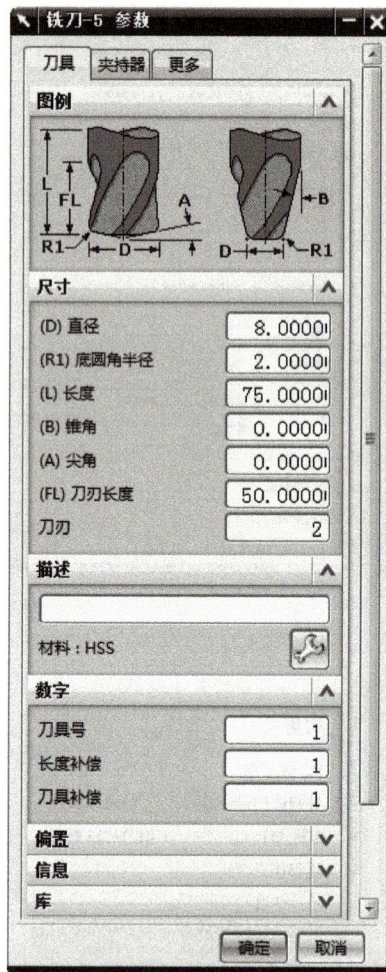

图 5-2-6

4. 创建几何体

（1）设置坐标系 单击【几何视图】按钮 🔧，操作导航器切换到【操作导航器-几何】界面，如图 5-2-7 所示。双击【MCS_MILL】打开【Mill Orient】对话框，将 XM- YM- ZM 坐标系原点调整至与 XC- YC- ZC 坐标系原点重合，如图 5-2-8 所示。

（2）设置几何体 在【操作导航器-几何】界面中双击【WORKPIECE】图标 🔷 WORKPIECE，打开图 5-2-9 的【铣削几何体】对话框。

单击【选择或编辑部件几何体】图标 🔷，打开图 5-2-10 所示的【部件几何体】对话框。在【选择选项】中点选【几何体】复选项，在【过滤方法】下拉列表框中选择【体】选项，单击【全选】按钮，选中模型几何体，如图 5-2-11 所示。单击【确定】按钮，完成部件几何体的指定。

图 5-2-7

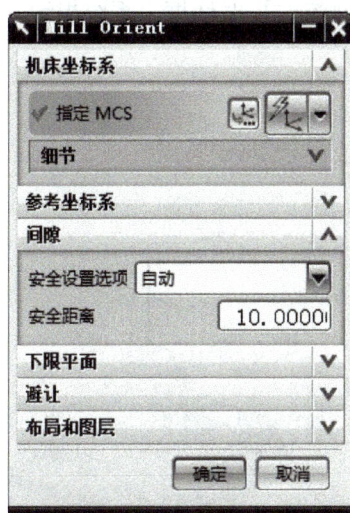

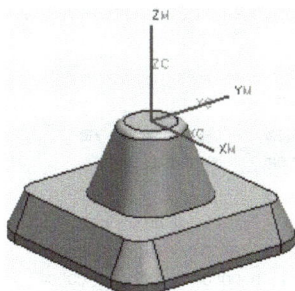

图　5-2-8

图　5-2-9

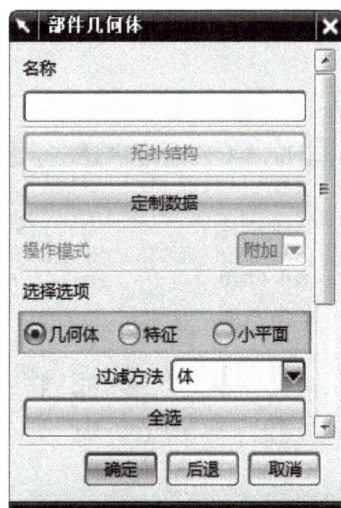

图　5-2-10

单击【选择或编辑毛坯几何体】图标，打开图 5-2-12 所示的【毛坯几何体】对话框。在【选择选项】中点选【自动块】复选项，在【ZM＋】文本框内输入"2mm"，如图 5-2-13 所示。单击【确定】按钮，完成毛坯几何体的指定。

5. 创建操作

（1）创建型腔铣削粗加工（部件余量为 1mm）

1）创建【型腔铣】操作。单击【创建操作】按钮，打开【创建操作】对话框，在【操作子类型】中选择【CAV-ITY_MILL】操作类型，其他参数选项设置如图 5-2-14 所示。

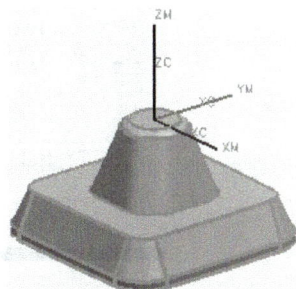

图　5-2-11

单击【确定】按钮，打开图 5-2-15 所示的【型腔铣】对话框，系统提示"指定参数"。

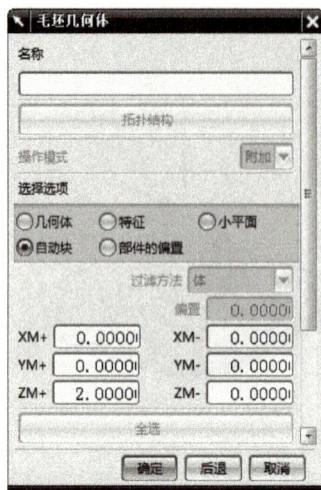

图 5-2-12

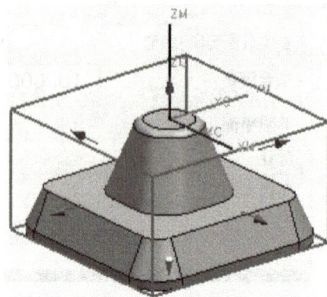

图 5-2-13

图 5-2-14

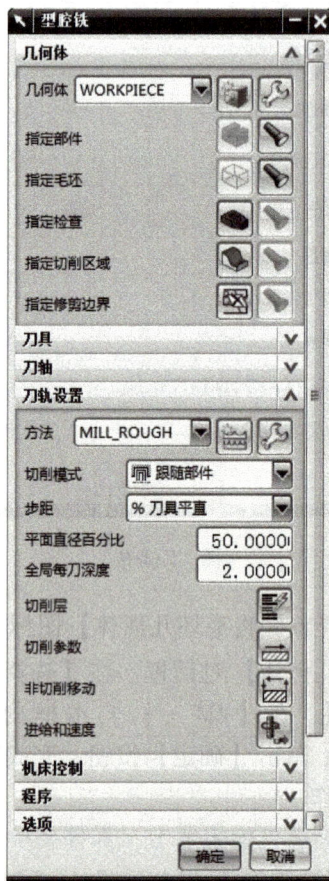

图 5-2-15

2）设置切削参数。单击【刀轨设置】选项组中的【切削参数】按钮□，打开【切削参数】对话框并切换至【空间范围】选项卡，如图 5-2-16 所示。

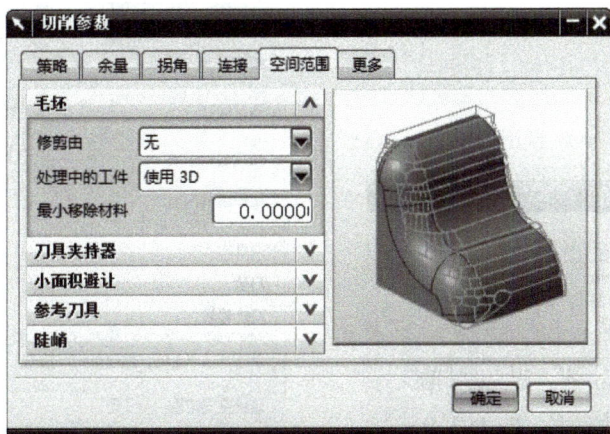

图　5-2-16

在【毛坯】选项组中【处理中的工件】下拉列表框中选择【使用3D】选项，其余参数选项使用默认值。单击【确定】按钮，完成切削参数的设定。

3）生成并确认刀具轨迹。单击【操作】选项组内的【生成】按钮□，生成图 5-2-17所示的刀具轨迹。

单击【操作】选项组中的【确认】按钮□，对生成的刀轨进行可视化验证，结果如图 5-2-18所示。

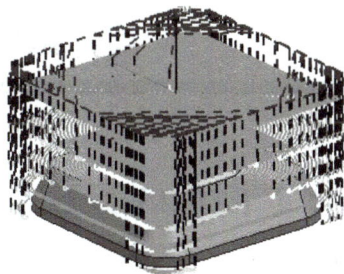

图　5-2-17

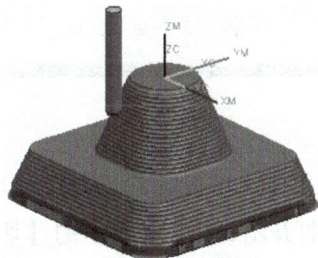

图　5-2-18

单击【确定】按钮完成刀轨可视化的验证。单击【确定】按钮，完成【型腔铣】粗加工操作的创建。

（2）创建等高曲面轮廓铣削精加工（部件余量为0mm）

1）创建深度加工轮廓操作。单击【创建操作】按钮□，打开【创建操作】对话框，在【操作子类型】中选择【ZLEVEL_PROFILE】操作类型，其他参数选项设置如图 5-2-19所示。单击【确定】按钮，打开图 5-2-20 所示的【深度加工轮廓】对话框，系统提示"指定参数"。

图 5-2-19

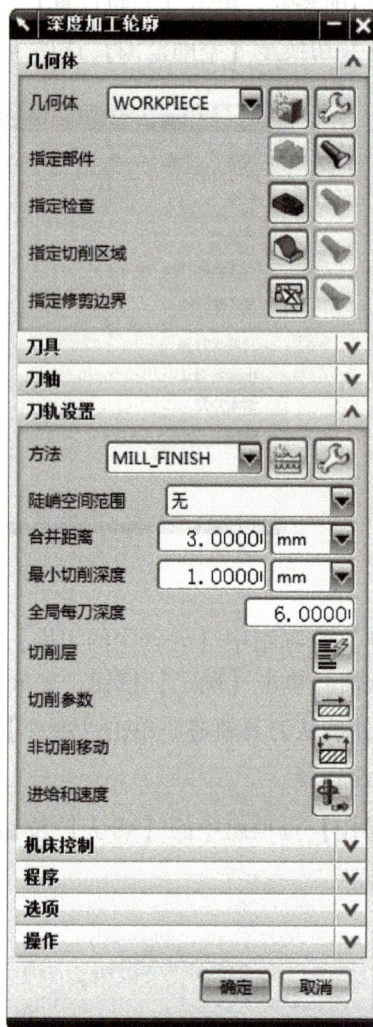

图 5-2-20

2）设置几何体。单击【深度加工轮廓】对话框中【几何体】选项组的【指定切削区域】按钮🖱，打开图5-2-21a所示的【切削区域】对话框。

在【切削区域】对话框中，【操作模式】选择【附加】选项，【过滤方法】选择【面】选项，在工作区域选择模型上的斜面，如图5-2-21b所示。单击【确定】按钮，完成切削区域的指定。

3）设置刀轨。在【深度加工轮廓】对话框中【刀轨设置】选项组的【陡峭空间范围】下拉列表框中选择【仅陡峭的】选项。在【合并距离】文本框内输入"3mm"。在【最小切削深度】文本框内输入"1mm"。在【全局每刀深度】文本框内输入"0.2mm"。

在【刀轨设置】选项组中单击【切削参数】按钮🖱，打开【切削参数】对话框，系统提示"指定切削参数"。单击【连接】标签，将对话框切换至【连接】选项卡，如图5-2-22所示。

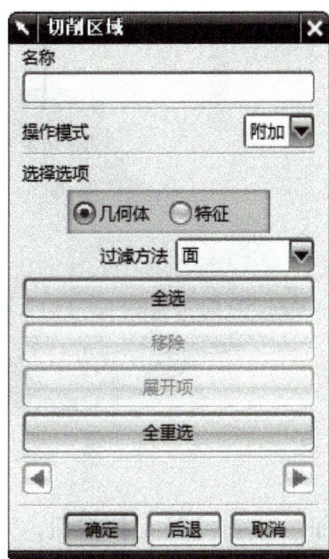

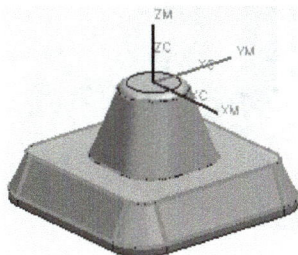

a)　　　　　　　　　　　　　　b)

图　5-2-21

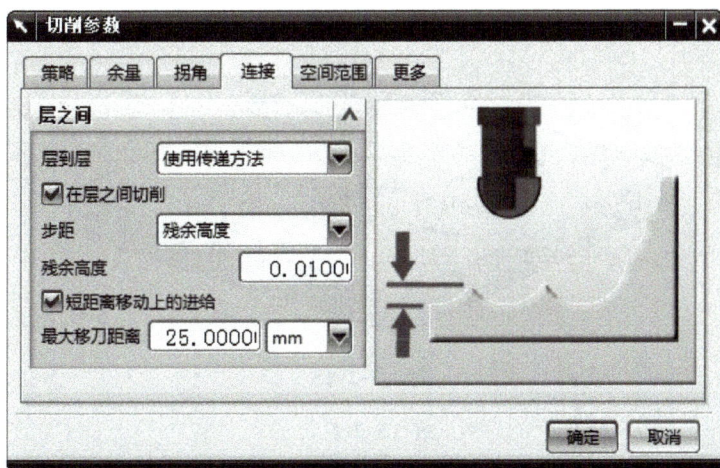

图　5-2-22

在【层到层】下拉列表框中选择【使用传递方法】选项，并勾选【在层之间切削】复选项。在【步距】下拉列表框中选择【残余高度】选项，在【残余高度】文本框内输入"0.01mm"。勾选【短距离移动上的进给】复选项，在【最大移刀距离】文本框内输入"25mm"。单击【确定】按钮，完成切削参数的设定。

4）生成并确认刀具轨迹。单击【操作】选项组中的【生成】按钮，生成图5-2-23所示的刀具轨迹。

单击【操作】选项组中的【确认】按钮，对生成的刀轨进行可视化验证，结果如图5-2-24所示。

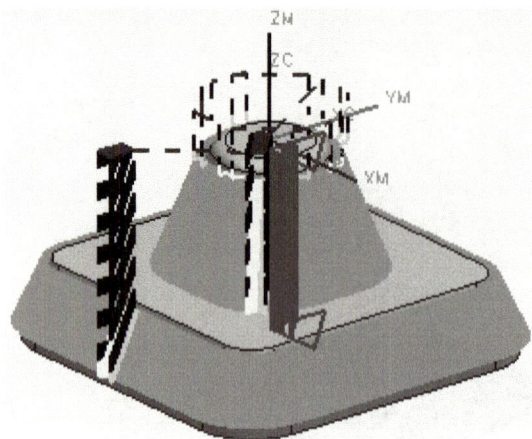

图 5-2-23

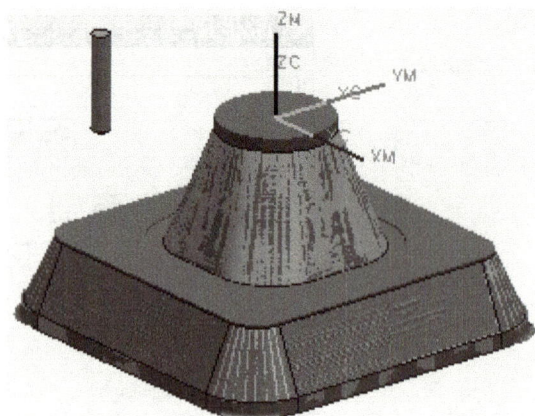

图 5-2-24

单击【确定】按钮，完成刀轨可视化的验证。单击【确定】按钮，完成深度加工轮廓操作的创建。

练一练

（1）完成图 5-2-25 所示零件模型的切削加工，源文件位置为 X:/5zlevel_profile/5-2-2. prt 将操作步骤填入表5-2-1 中。

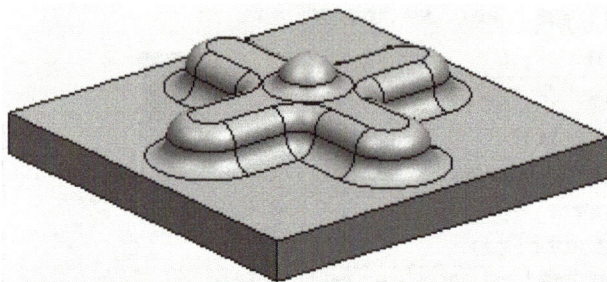

图 5-2-25

表 5-2-1

操作名称	操作步骤	备 注

（2）完成图 5-2-26 所示零件模型的切削加工，源文件位置为 X:/5zlevel_profile/5-2-3. prt，将操作步骤填入表 5-2-2 中。

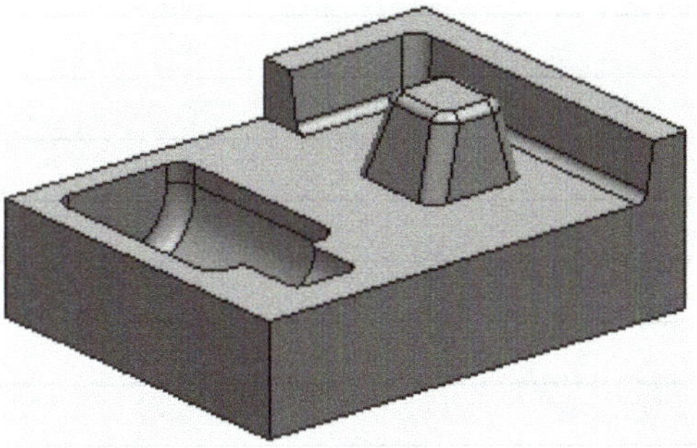

图 5-2-26

表 5-2-2

操 作 名 称	操 作 步 骤	备 注

（3）完成图 5-2-27 所示零件模型的切削加工，源文件位置为 X:/5zlevel_profile/5-2-4. prt，将操作步骤填入表 5-2-3 中。

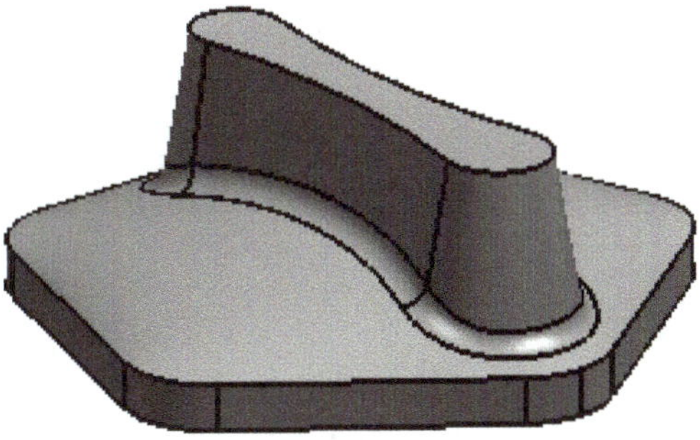

图 5-2-27

表 5-2-3

操作名称	操作步骤	备　注

注意事项

1. 等高曲面轮廓铣削加工一般适用于半精加工，所以使用的刀具直径一般会偏小。示例中的刀具设置只是用于演示软件功能，学生需要根据实际情况进行刀具的创建。

2. 后置处理中，软件本身自带了一些后置处理器，但是不一定与实际的机床匹配，所以使用者需要根据实际加工使用的机床系统及参数导入匹配的后置处理器进行程序的输出。

点 位 加 工

任务一　点位加工基础

（1）掌握点位加工操作中几何体的指定方法，提升学生接受新知识的兴趣和能力。

（2）了解点位加工的循环类型，拓展学生的专业视野。

（3）学会设置点位加工的投影矢量，对所学知识加以利用，提升学生举一反三的创新能力。

（4）熟悉创建点位加工操作的基本流程，培养学生总结归纳、独立学习的能力。

（一）概述

点位加工是一种相当常见的机械加工方法，可以生成多种孔加工的刀具轨迹，如钻孔、镗孔、铰孔、扩孔、攻螺纹和铣螺纹等操作。

在创建点位加工操作时，用户只需指定孔的加工位置、工件表面和加工底面，而不需要指定部件几何体、毛坯几何体和检查几何体等，并且可以通过指定循环方式和参数组以减少加工时间，提高生产效率。适合点位加工的典型零件如图 6-1-1 所示。

图　6-1-1

（二）点位加工操作的创建

1. 创建点位加工操作

单击【插入】工具条中的【创建操作】按钮，打开图 6-1-2 所示的【创建操作】对话框，系统提示用户"选择类型、子类型、位置，并指定操作名"。

在【类型】下拉列表中选择【drill】选项，指定点位加工操作模板。

点位加工操作子类型有【SPOT_FACING】扩孔、【SPOT_DRILLING】中心钻、【DRILL-ING】一般钻孔、【PECK_DRILLING】啄钻、【BREAKCHIP_DRILLING】断屑钻、【BOR-ING】镗孔、【REAMING】铰孔、【COUNTERBORING】沉孔、【COUNTERSINKING】倒角沉孔、【TAPPING】攻螺纹和【THREAD_MILLING】铣螺纹 11 种，如图 6-1-2 所示，用户可以根据需要选择合适的加工子类型，如选择【DRILLING】操作子类型。

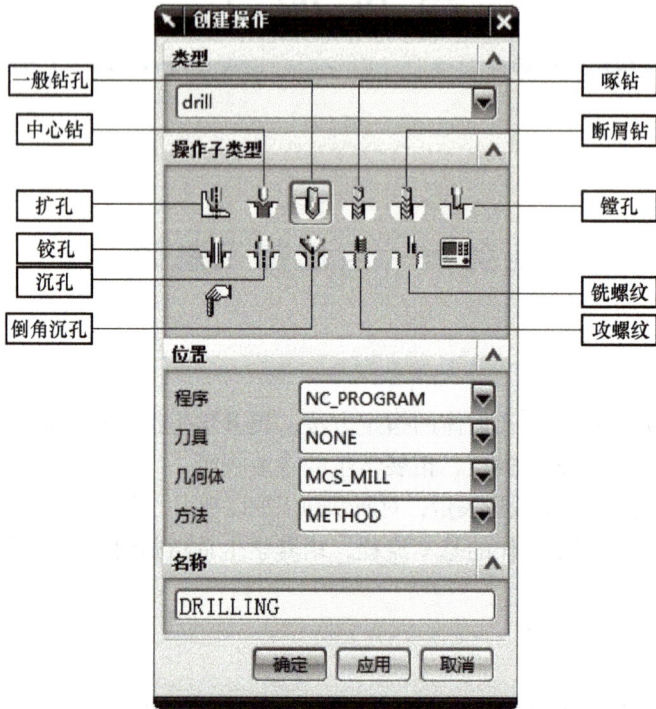

图 6-1-2

在【位置】选项组中选择合适的【程序】、【刀具】、【几何体】和【方法】。在【名称】文本框中输入合适的操作名称，也可以使用系统默认名称。

单击【确定】按钮，打开图 6-1-3 所示的【钻】对话框，系统提示用户"指定参数"。用户可以对【几何体】、【刀具】、【刀轴】、【循环类型】、【深度偏置】、【刀轨设置】、【机床控制】、【程序】、【选项】和【操作】等参数选项进行设置。

2. 定义几何体

如图 6-1-4 所示，在【钻】对话框中，几何体选项组包括【几何体】、【指定孔】、【指定部件表面】和【指定底面】4 个选项，其中几何体的指定方法已经在前面的项目中进行了介绍，在此不再赘述。

（1）指定孔　在【几何体】选项组中单击【选择或编辑孔几何体】按钮 ，打开图 6-1-5 所示的【点到点几何体】对话框。

1）选择。在【点到点几何体】对话框中单击【选择】按钮，打开图 6-1-6 所示的选择几何体对话框。用户可以根据需要选用合适的方式进行孔几何体的指定。

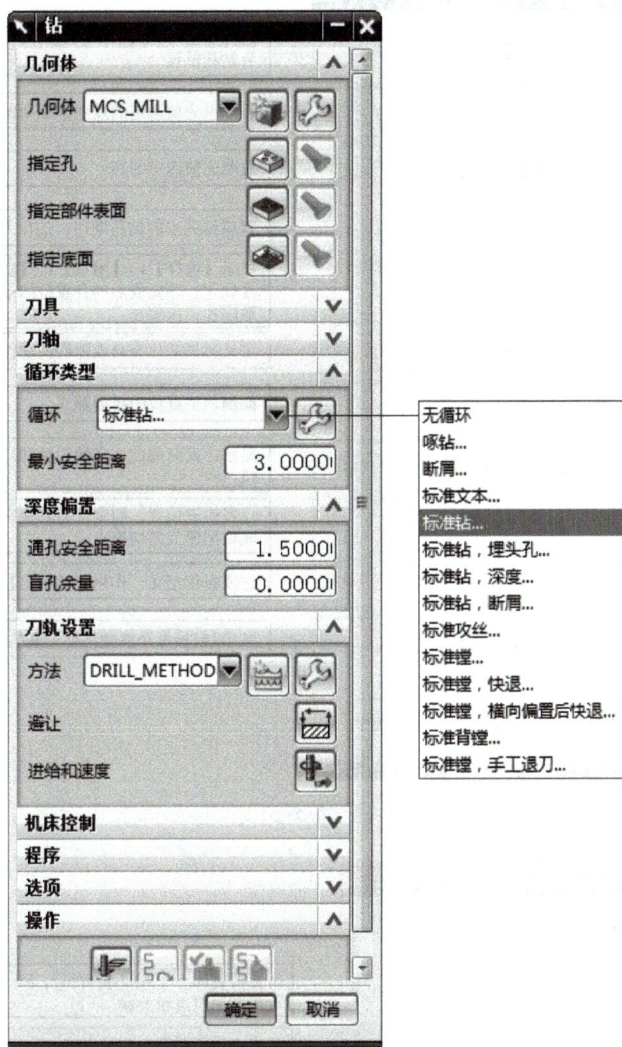

图 6-1-3

图 6-1-4

图 6-1-5

选择 —— 选择圆柱形和圆锥形的孔、圆弧和点，作为钻孔位置

附加 —— 在一组先前选定的点中添加新的点

省略 —— 忽略先前选定的点

优化 —— 重新排列点的钻孔顺序，优化刀具路径

显示点 —— 显示【选择】、【附加】、【省略】或【优化】等完成后的各点位的最终加工顺序和相应编号

避让 —— 定义刀具避让夹具或障碍的动作

反向 —— 颠倒加工点位的排列顺序

圆弧轴控制 —— 显示、反向先前选定的圆弧和片体孔的轴线正向

Rapto 偏置 —— 设置快进偏置，即定义刀具快进速度切换成切削速度的切换点

规划完成 —— 完成点位定义，作用与【确定】按钮类似

显示/校核 循环 参数组 —— 显示/校核每个参数集相关联的点

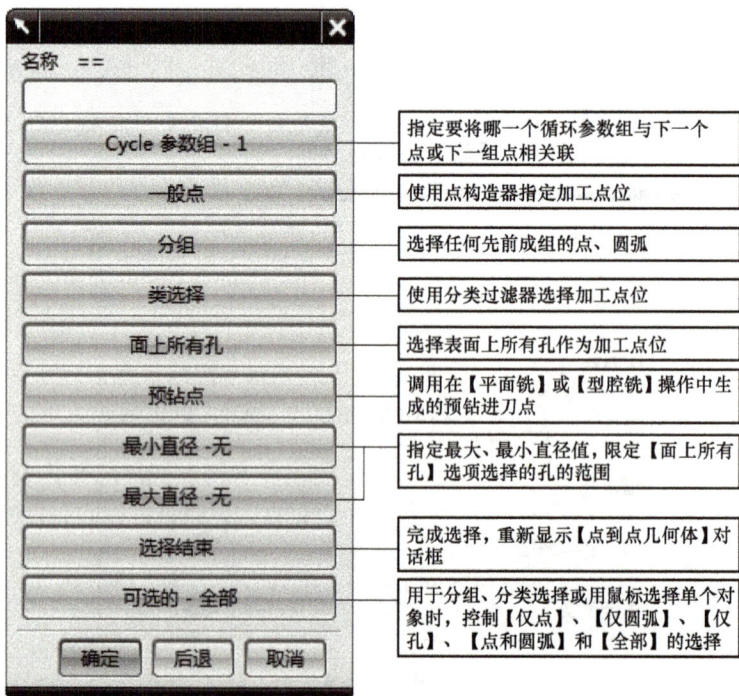

图 6-1-6

Cycle 参数组 - 1 —— 指定要将哪一个循环参数组与下一个点或下一组点相关联

一般点 —— 使用点构造器指定加工点位

分组 —— 选择任何先前成组的点、圆弧

类选择 —— 使用分类过滤器选择加工点位

面上所有孔 —— 选择表面上所有孔作为加工点位

预钻点 —— 调用在【平面铣】或【型腔铣】操作中生成的预钻进刀点

最小直径 -无 最大直径 -无 —— 指定最大、最小直径值，限定【面上所有孔】选项选择的孔的范围

选择结束 —— 完成选择，重新显示【点到点几何体】对话框

可选的 - 全部 —— 用于分组、分类选择或用鼠标选择单个对象时，控制【仅点】、【仅圆弧】、【仅孔】、【点和圆弧】和【全部】的选择

2）附加。在【点到点几何体】对话框中单击【附加】按钮，系统打开选择几何体对话框，用户可以新增加一个几何体，如点、圆弧或者孔。

3）省略。如要取消当前已选择的一个几何体，如点、圆弧或者孔，可以在【点到点几何体】对话框中单击【省略】按钮完成操作。

4）优化。指定完孔几何体后，在【点到点几何体】对话框中单击【优化】按钮，系统打开图6-1-7所示的优化点对话框，用户根据需要选择合适的方式进行刀具路径的优化。

① 在优化点对话框中单击【Shortest Path】按钮，系统弹出最短路径优化对话框，如图6-1-8所示。

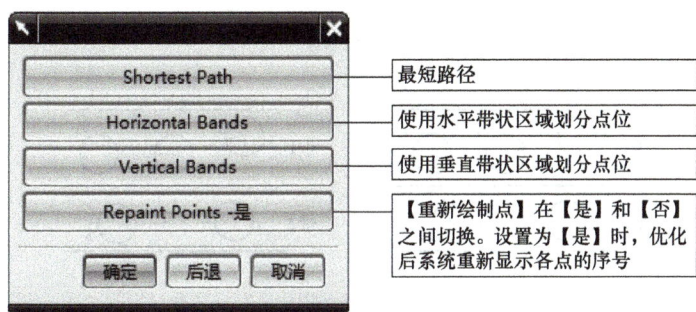

图 6-1-7

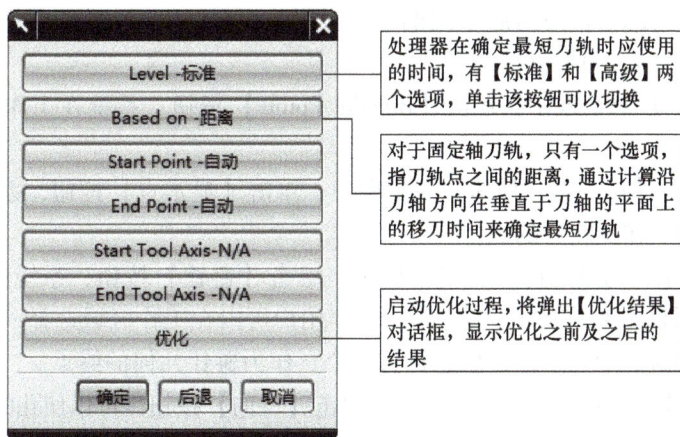

图 6-1-8

在最短优化路径对话框中，可以选择优化级别（Level），还可以为刀轨选择起点和终点、起始刀轴和终止刀轴。在使用过程中，一般只单击【优化】按钮，即可实现对路径的优化。

② 在优化点对话框中，单击【Horizontal Bands】按钮，打开图6-1-9a所示的水平路径对话框。

在水平路径对话框中，单击【升序】或【降序】按钮，系统打开图6-1-9b所示的【水平带1】对话框，系统提示"定义在第一条直线上的点"。在绘图区域选择一点后，系统自动生成一条通过该点且平行于工作坐标系XC轴的水平直线。然后再指定一条，系统自动生成另外一条水平直线。这样，两条直线就形成了一条水平带。处于该水平带内的孔将按照升序或降序排列。图 6-1-10a 所示为升序排列，图 6-1-10b 所示为降序排列。

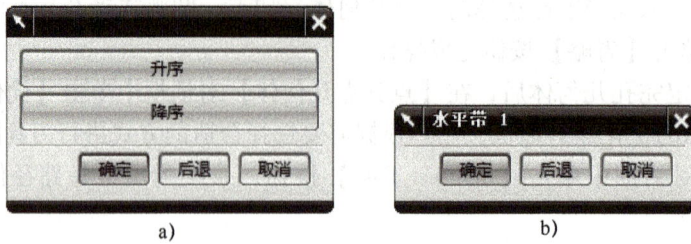

图　6-1-9

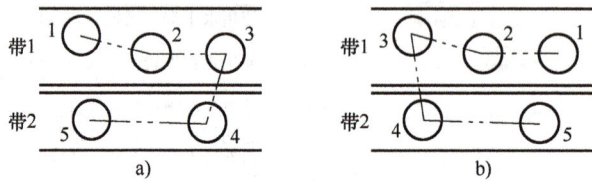

图　6-1-10

③ 在优化点对话框中，单击【Vertical Bands】按钮，系统仍打开【水平路径】对话框。与单击【Horizontal Bands】按钮后不同的是，选定点后，系统生成的是平行于工作坐标系 YC 轴的垂直直线，形成的带也是垂直带。

④ 在【优化点】对话框中，单击【Repaint Points】按钮，系统在工作区显示优化后的孔的位置。

5）显示点。在【点到点几何体】对话框中，单击【显示点】按钮，系统在工作区显示选择的点、附加的点和优化后的点。

6）避让。在【点到点几何体】对话框中，单击【避让】按钮，系统打开图 6-1-11 所示的【避让】对话框，系统提示"选择起点"。用户可以在工作区域选择一个点作为避让几何的起点，然后根据提示在工作区域选择另一个点作为避让几何的终点。

7）反向。在【点到点几何体】对话框中单击【反向】按钮，可以使孔的加工顺序反向。

8）圆弧轴控制。在【点到点几何体】对话框中单击【圆弧轴控制】按钮，系统打开图 6-1-12所示的圆弧轴控制对话框，用户可以指定显示或反向选定的圆弧。

图　6-1-11

图　6-1-12

9）Rapto 偏置。在【点到点几何体】对话框中单击【Rapto 偏置】按钮，系统打开图 6-1-13所示的【RAPTO 偏置】对话框，用户可以在其中指定刀具快速移动时的偏置距离。

10）规划完成。在【点到点几何体】对话框中单击【规划完成】按钮，系统将返回【钻】对话框。

11）显示/校核 循环 参数组。在【点到点几何体】对话框中单击【显示/校核 循环 参数组】按钮，系统打开图 6-1-14a 所示的校核循环参数对话框。单击【显示】或【校核】按钮，用户可以显示或校核一个循环参数组，如图 6-1-14b 所示。

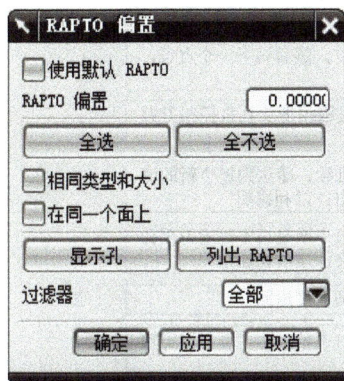

图 6-1-13

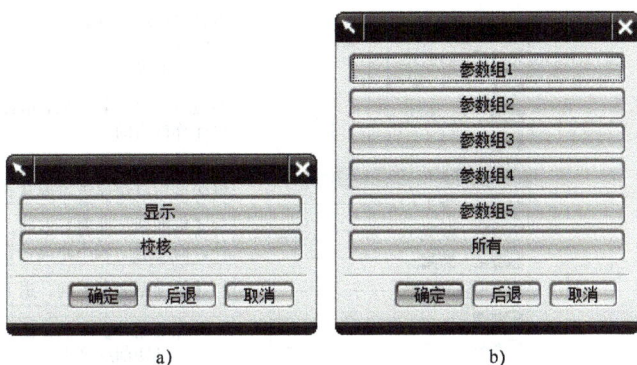

a) b)

图 6-1-14

（2）指定部件表面 在【几何体】选项组中单击【选择或编辑部件表面几何体】按钮，打开图 6-1-15 所示的【部件表面】对话框，系统提示"选择面"。用户可以根据需要选择合适的【选择类型】，指定部件表面。

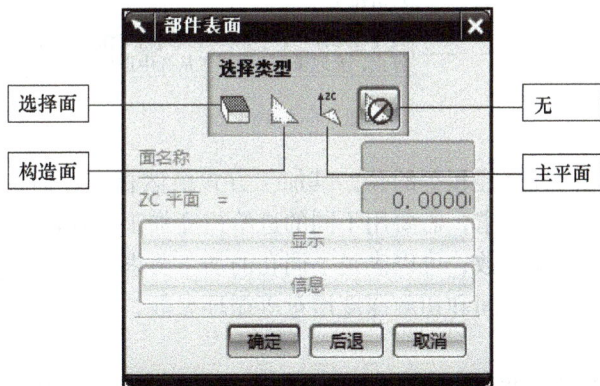

图 6-1-15

（3）指定底面 在【几何体】选项组中单击【选择或编辑部件底面几何体】按钮，系统打开【底面】对话框，参数选项和操作方法与指定部件表面方法相同，在此不再赘述。

3. 循环类型

【钻】对话框中的【循环类型】选项组中包括【循环】下拉列表框（图6-1-3）和【最小安全距离】文本框。

（1）【循环】下拉列表框 【循环】下拉列表框中包括【无循环】、【啄钻…】等 14 种
循环类型，如图 6-1-16 所示。

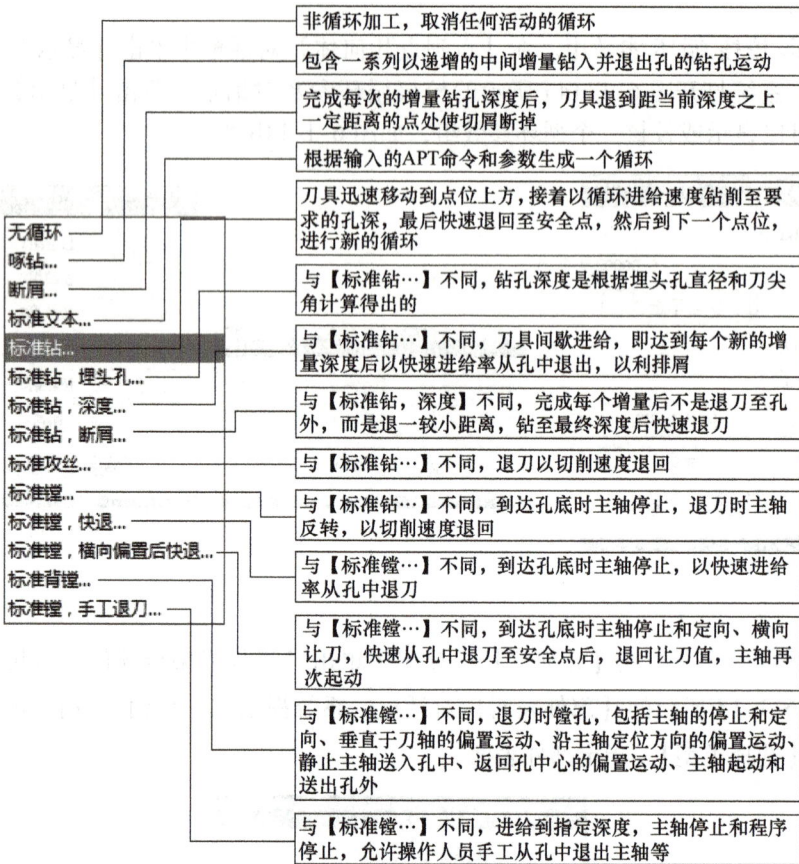

非循环加工，取消任何活动的循环

包含一系列以递增的中间增量钻入并退出孔的钻孔运动

完成每次的增量钻孔深度后，刀具退到距当前深度之上一定距离的点处使切屑断掉

根据输入的 APT 命令和参数生成一个循环

刀具迅速移动到点位上方，接着以循环进给速度钻削至要求的孔深，最后快速退回至安全点，然后到下一个点位，进行新的循环

与【标准钻…】不同，钻孔深度是根据埋头孔直径和刀尖角计算得出的

与【标准钻…】不同，刀具间歇进给，即达到每个新的增量深度后以快速进给率从孔中退出，以利排屑

与【标准钻，深度】不同，完成每个增量后不是退刀至孔外，而是退一较小距离，钻至最终深度后快速退刀

与【标准钻…】不同，退刀以切削速度退回

与【标准钻…】不同，到达孔底时主轴停止，退刀时主轴反转，以切削速度退回

与【标准镗…】不同，到达孔底时主轴停止，以快速进给率从孔中退刀

与【标准镗…】不同，到达孔底时主轴停止并定向、横向让刀，快速从孔中退刀至安全点后，退回让刀值，主轴再次起动

与【标准镗…】不同，退刀时镗孔，包括主轴的停止和定向、垂直于刀轴的偏置运动、沿主轴定位方向的偏置运动、静止主轴送入孔中、返回孔中心的偏置运动、主轴起动和送出孔外

与【标准镗…】不同，进给到指定深度，主轴停止和程序停止，允许操作人员手工从孔中退出主轴等

无循环
啄钻…
断屑…
标准文本…
标准钻…
标准钻，埋头孔…
标准钻，深度…
标准钻，断屑…
标准攻丝…
标准镗…
标准镗，快退…
标准镗，横向偏置后快退…
标准背镗…
标准镗，手工退刀…

图 6-1-16

对于零件上类型相同且直径相等的孔，其加工方式虽然相同，但由于各孔的深度不同，
或者为满足不同的加工精度要求，需要用不同的进给速度加工。在同一个钻孔循环中，通过
循环参数组指定不同的循环参数，可以满足不同孔的加工要求。在每个循环参数组中可以指
定加工深度、进给量、暂停时间和切削深度增量等循环参数，用户可以根据需要选择合适的
循环类型。

不同的循环类型有相应的循环参数。在【循环类型】选项组中，单击【循环】选项
【编辑参数】按钮，打开图 6-1-17 所示的【指定参数组】对话框，系统提示"循环号
（1-5）"。

输入循环号后单击【确定】按钮，打开图 6-1-18 所示的【Cycle 参数】对话框。

单击【Depth-模型深度】按钮，打开图 6-1-19 所示的【Cycle 深度】对话框。

【Cycle 深度】对话框中各项参数含义如图 6-1-20 所示，用户可以根据需要选择合适的
深度参数。

【模型深度】：指定系统自动计算实体中每个孔的深度。对于通孔和盲孔，计算时将分
别考虑【通孔安全距离】和【盲孔余量】两个参数。

图   6-1-17

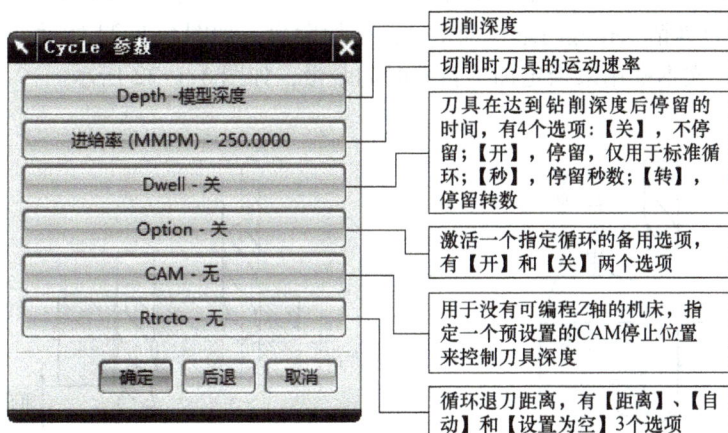

图   6-1-18

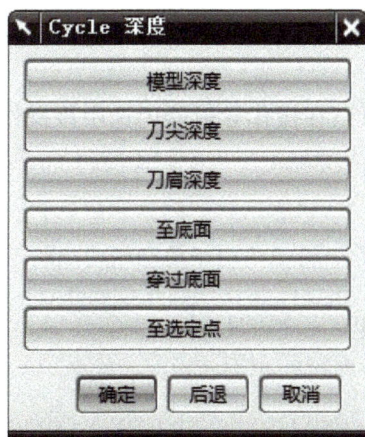

图   6-1-19

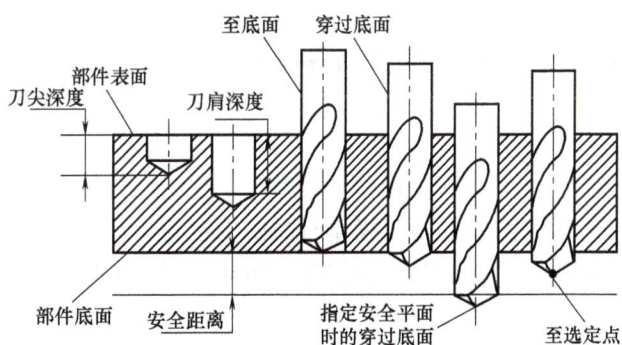

图   6-1-20

【刀尖深度】：指定一个正值，该值为从部件表面沿刀轴到刀尖的深度。

【刀肩深度】：指定一个正值，该值为从部件表面沿刀轴到刀具圆柱部分的底部（刀肩）的深度。

【至底面】：指定的是系统沿刀轴计算的刀尖到达底面所需的深度。

【穿过底面】：指定的是系统沿刀轴计算的刀肩到达底面所需的深度。

【至选定点】：指定的是系统沿刀轴计算的从部件表面到选定点的深度。

（2）【最小安全距离】文本框　【最小安全距离】文本框用来指定加工孔的安全点。安全点是指从部件表面沿刀轴方向偏置的最小安全距离，位于孔的上方，防止刀具在钻削加工过程中与零件表面发生碰撞，如图 6-1-21 所示。

4. 深度偏置

【钻】对话框的【深度偏置】选项组中包括【通孔安全距离】和【盲孔余量】两个文本框。

【通孔安全距离】文本框用来指定加工通孔的安全距离。它是为防止刀具在钻削时没有完全钻通孔，让刀具钻到孔底时继续向下钻削一段距离，如图 6-1-22 所示。

【盲孔余量】文本框用来指定加工盲孔时的余量，如图 6-1-22 所示。

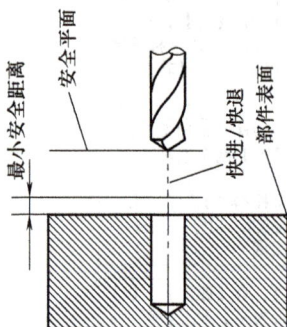

图　6-1-21

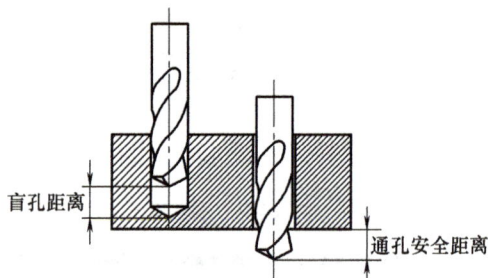

图　6-1-22

5. 其他参数设置

【刀具】、【刀轴】、【机床控制】、【程序】、【选项】和【操作】等选项参数设置在前面的项目任务里已做过讲解，在此不再赘述。

单击【确定】按钮，完成点位加工操作的创建。用户可以在操作导航器内选中该操作，然后进行刀轨确认和后处理等操作。

　想一想

（1）点位加工的操作子类型有哪些？
（2）创建点位加工操作时需要指定的几何体有哪些类型？
（3）创建点位加工操作时，循环类型有哪些？

任务二　点位加工范例

　任务目标

（1）根据需要，正确选用点位加工类型，做到学以致用。
（2）熟练掌握点位加工操作的创建方法、步骤和参数设置。
（3）利用合适的点位加工方法，完成图 6-2-1 所示零件模型上孔的加工。

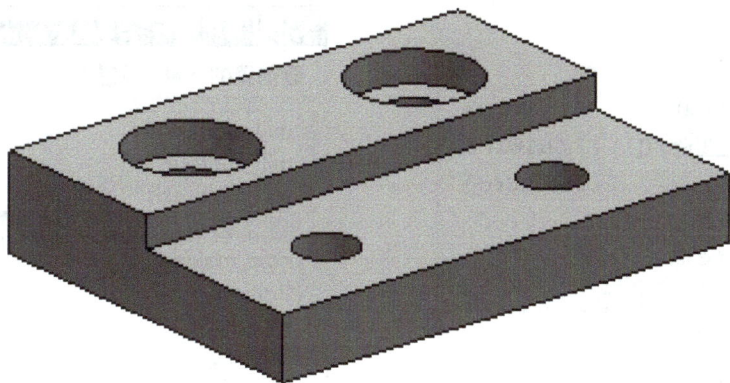

图 6-2-1

⚡ 范例操作步骤

1. 准备工作

1）在桌面上双击 UG NX 6.0 图标，打开 UG 软件。

2）单击【打开】 按钮，找到模型文件【6-2-1.prt】，如图6-2-2所示，单击【OK】按钮。

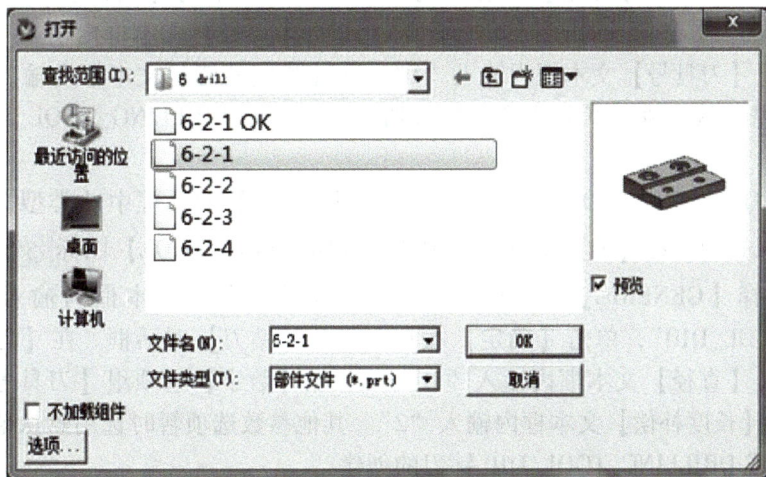

图 6-2-2

2. 进入加工环境

单击【标准】工具条上的【开始】按钮，在下拉菜单中选择【加工】命令（图6-2-3），打开图6-2-4所示的【加工环境】对话框。选择【drill】选项，单击【确定】按钮，进入加工环境。

3. 创建刀具

（1）创建 SPOTDRILLING_TOOL_D10 中心钻 单击【插入】工具条上的【创建刀具】按

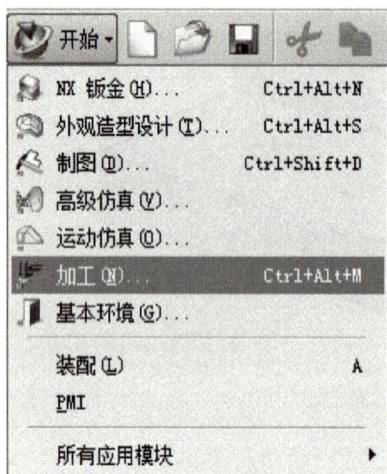

图 6-2-3   图 6-2-4

钮，打开图6-2-5所示的【创建刀具】对话框。在【类型】下拉列表框中选择【drill】选项，在【刀具子类型】中选择【SPOTDRILLING_TOOL】图标，在刀具【位置】选项下选择【GENERIC_MACHINE】选项，在【名称】文本框内输入刀具的名称"SPOTDRILL-ING_TOOL_D10"。单击【确定】按钮，打开图6-2-6所示的【钻刀】对话框。在【钻刀】对话框【刀具】选项卡中的【尺寸】选项组的【直径】文本框内输入"10mm"，在【数字】选项组【刀具号】文本框内输入"1"，在【长度补偿】文本框内输入"1"。其他参数选项暂时选用默认值。单击【确定】按钮，完成 SPOTDRILLING_TOOL_D10 中心钻的创建。

(2) 创建 DRILLING_TOOL_D10 钻刀 在【创建刀具】对话框中【类型】下拉列表框中选择【drill】选项，在【刀具子类型】中选择【DRILLING_TOOL】图标，在刀具【位置】选项下选择【GENERIC_MACHINE】选项，在【名称】文本框内输入刀具的名称"DRILLING_TOOL_D10"，单击【确定】按钮，打开【钻刀】对话框。在【刀具】选项卡【尺寸】选项组【直径】文本框内输入"10mm"，在【数字】选项组【刀具号】文本框内输入"2"，在【长度补偿】文本框内输入"2"。其他参数选项暂时选用默认值。单击【确定】按钮，完成 DRILLING_TOOL_D10 钻刀的创建。

(3) 创建 COUNTERBORING_TOOL_D20 沉孔刀 在【创建刀具】对话框【类型】下拉列表框中选择【drill】选项，在【刀具子类型】中选择【DRILLING_TOOL】图标，在刀具【位置】选项下选择【GENERIC_MACHINE】选项，在【名称】文本框内输入刀具的名称"COUNTERBORING_TOOL_D20"。单击【确定】按钮，打开【钻刀】对话框。在【刀具】选项卡中【尺寸】选项组中的【直径】文本框内输入"20mm"，在【数字】选项组【刀具号】文本框内输入"3"，在【长度补偿】文本框内输入"3"。其他参数选项暂时选用默认值。单击【确定】按钮，完成 COUNTERBORING_TOOL_D20 沉孔刀的创建。

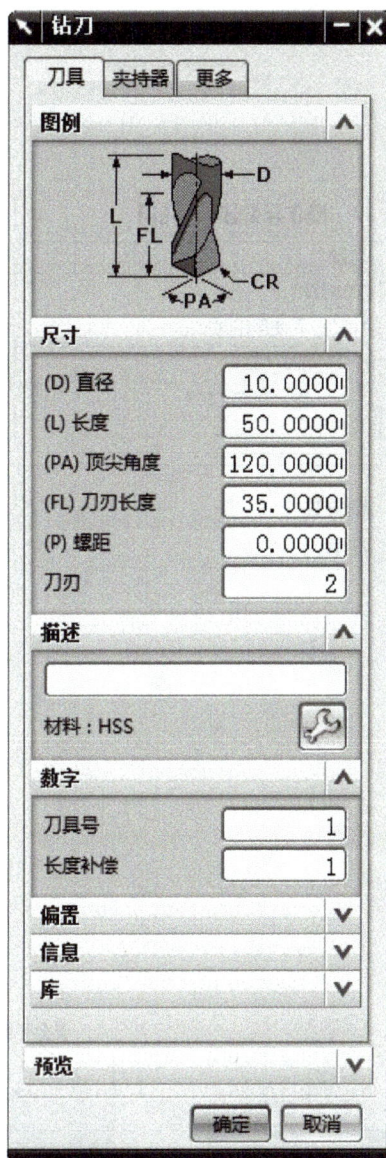

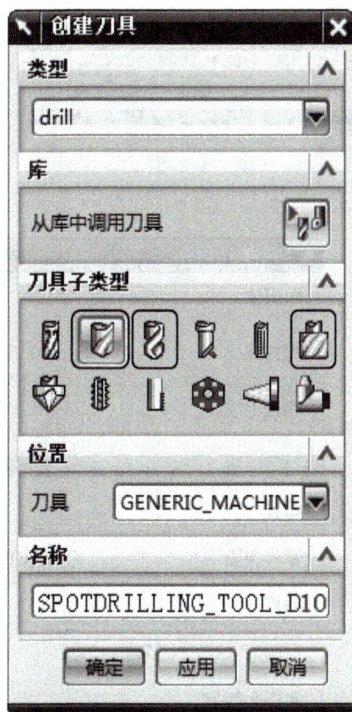

图 6-2-5   图 6-2-6

4. 创建基础几何体和毛坯

（1）设置坐标系　单击【几何视图】按钮 ，操作导航器切换到【操作导航器-几何】界面，如图6-2-7所示。双击【MCS_MILL】图标，打开图6-2-8所示的【Mill Orient】对话框。将 XM-YM-ZM 坐标系原点调整至与 XC-YC-ZC 坐标系原点重合，如图6-2-9a所示。以平面1为参考平面设置安全平面，如图6-2-9b所示。

（2）设置几何体　在【操作导航器-几何】界面中双击【WORKPIECE】图标 WORKPIECE，打开图6-2-10所示的【铣削几何体】对话框。

161

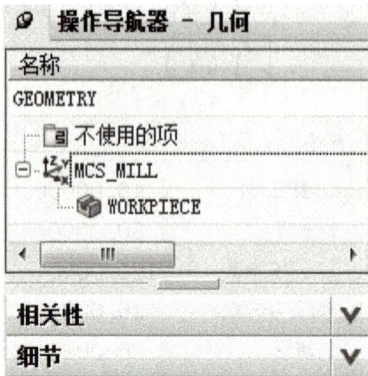

图 6-2-7

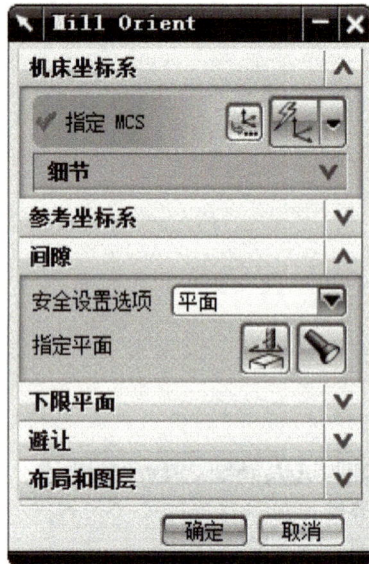

图 6-2-8

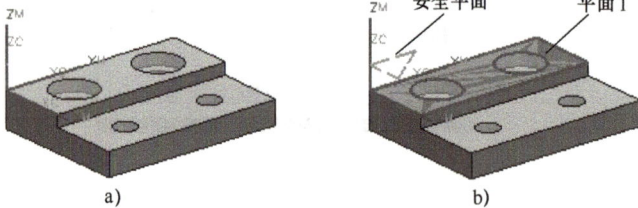

a)   b)

图 6-2-9

图 6-2-10

1）单击【选择或编辑部件几何体】图标，打开图 6-2-11 所示的【部件几何体】对话框。在【选择选项】中点选【几何体】复选项，在【过滤方法】下拉列表框中选择【体】选项，在工作区域选择模型几何体，如图 6-2-12 所示。单击【确定】按钮，完成部件几何体的指定。

2）单击【选择或编辑毛坯几何体】图标，打开图 6-2-13 所示的【毛坯几何体】对话框。在【选择选项】中点选【几何体】复选项，在【过滤方法】下拉列表框中选择

【体】选项，在工作区域选择图 6-2-14 所示的模型几何体 1。单击【确定】按钮，完成毛坯几何体的指定。

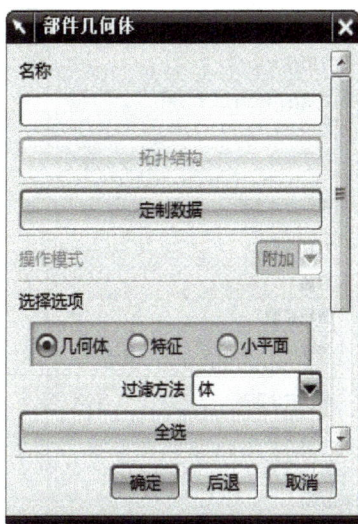

图　6-2-11

图　6-2-12

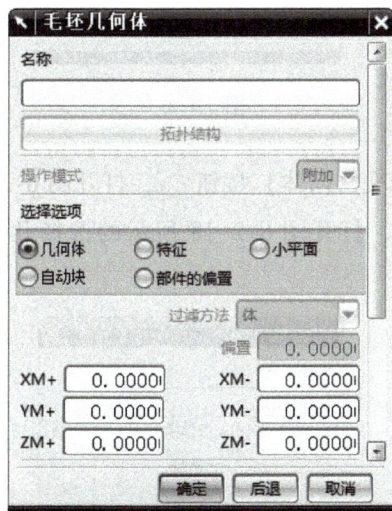

图　6-2-13

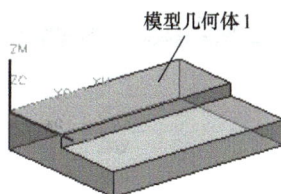

图　6-2-14

小贴士：

模型几何体 1 为与部件几何体外形尺寸相同并且位置重合的实心几何体模型，需要用户在建模模块中先创建好。进行毛坯几何体指定时，用户可以通过显示和隐藏功能在模型几何体与模型几何体 1 之间进行切换选择指定。

5. 创建操作

（1）创建 SPOT_DRILLING 操作（点钻，即钻中心孔）

1）单击【创建操作】按钮 ，打开【创建操作】对话框，在【操作子类型】中选择

【SPOT_DRILLING】操作类型，其他参数选项设置如图 6-2-15 所示。单击【确定】按钮，打开图 6-2-16 所示的【点钻】对话框。

图　6-2-15

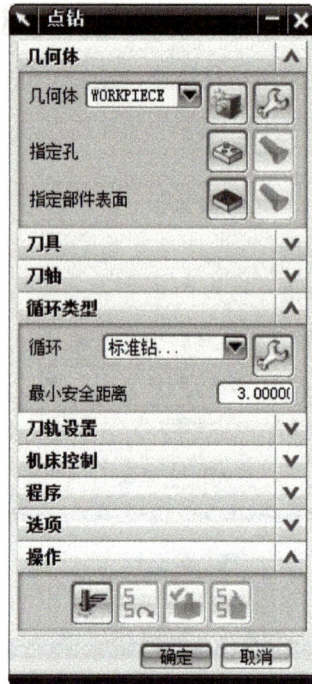

图　6-2-16

2）单击【几何体】选项组中的【选择或编辑孔几何体】按钮，打开图 6-2-17 所示的【点到点几何体】对话框。单击【选择】按钮，打开图 6-2-18 所示的选择几何体对话框，系统提示"点/圆弧/孔"。

图　6-2-17

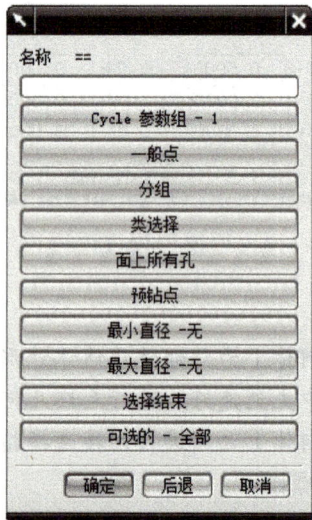

图　6-2-18

按图6-2-19所示编号顺序依次选择各孔边界，单击【确定】按钮，返回【点到点几何体】对话框，再单击【确定】按钮，返回【点钻】对话框。

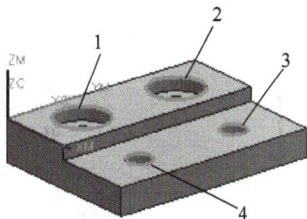

图 6-2-19

3）在【点钻】对话框的【循环类型】选项组中，单击【编辑参数】按钮，打开图6-2-20所示的【指定参数组】对话框，使用默认参数。单击【确定】按钮，打开图6-2-21所示【Cycle 参数】对话框。单击【Depth（Tip）】按钮，打开图6-2-22所示【Cycle 深度】对话框。单击【刀尖深度】按钮，打开图6-2-23所示对话框，在【深度】文本框内输入【2mm】，单击【确定】按钮，返回【Cycle 参数】对话框。再单击【确定】按钮，返回【点钻】对话框。

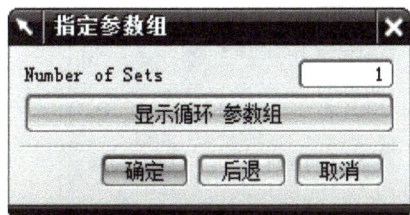

图 6-2-20

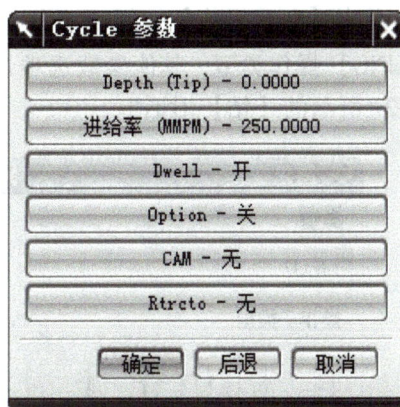

图 6-2-21

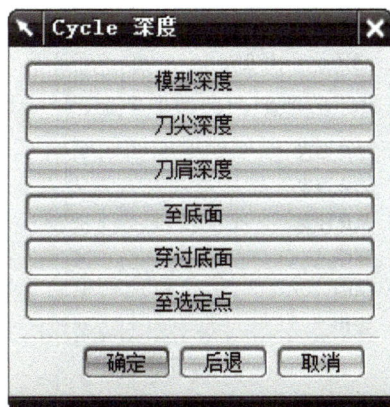

图 6-2-22

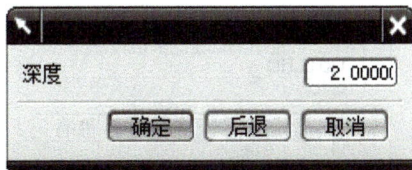

图 6-2-23

4）在【点钻】对话框的【操作】选项组中，单击【生成】按钮，生成图6-2-24所示的刀具轨迹。

5）单击【操作】选项组中的【确认】按钮，对生成的刀轨进行可视化验证，结果如图6-2-25所示。

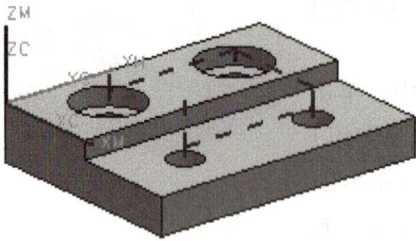

图 6-2-24

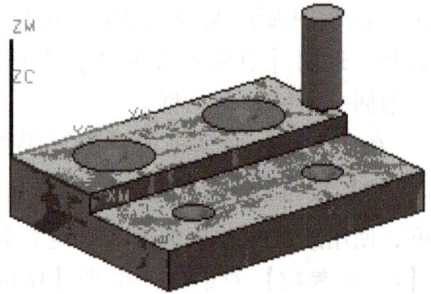

图 6-2-25

（2）创建 DRILLING 操作（钻孔）

1）单击【创建操作】按钮![icon]，打开【创建操作】对话框，在【操作子类型】中选择【DRILLING】操作类型，其他参数选项设置如图 6-2-26 所示。单击【确定】按钮，打开图 6-2-27 所示的【钻】对话框。

图 6-2-26

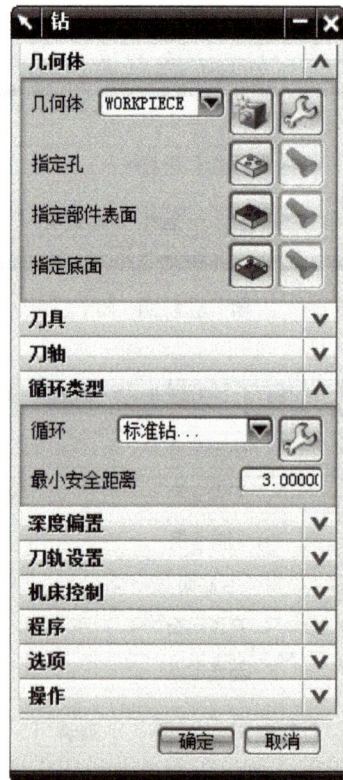

图 6-2-27

2）参考 SPOT_DRILLING 操作，指定孔几何体，如图 6-2-28 所示。

单击【几何体】选项组中的【选择或编辑底面几何体】按钮![icon]，打开图 6-2-29 所示的【底面】对话框，系统提示"选择面"。选择模型底面，如图 6-2-30 所示。单击【确定】按钮，返回【钻】对话框。

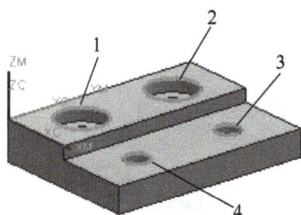

图 6-2-28

图 6-2-29

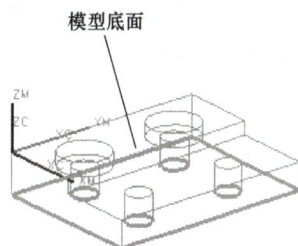

图 6-2-30

3）在【钻】对话框的【循环类型】选项组中，单击【编辑参数】按钮，打开图6-2-31
所示的【指定参数组】对话框，使用默认参数。单击【确定】按钮，打开图6-2-32所示的
【Cycle 参数】对话框。单击【Depth-模型深度】按钮，打开图6-2-33所示的【Cycle 深度】
对话框。单击【穿过底面】按钮，返回图6-2-34所示【Cycle 参数】对话框。单击【确定】
按钮，返回【点钻】对话框。

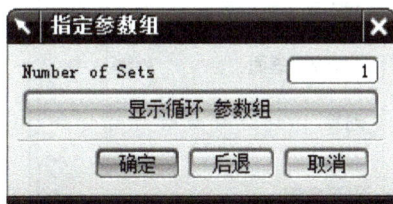

图 6-2-31

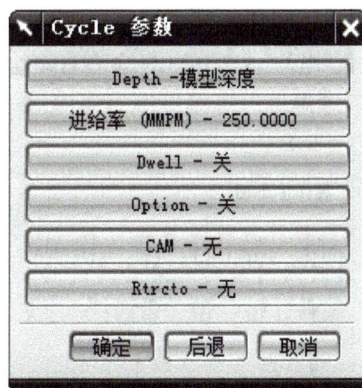

图 6-2-32

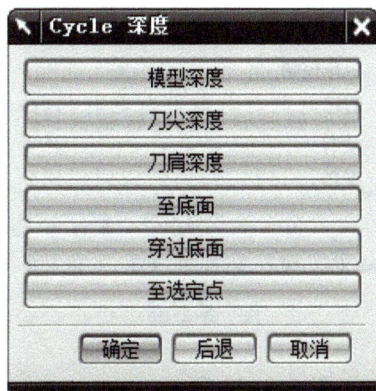

图 6-2-33

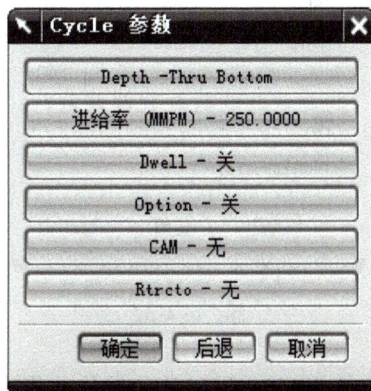

图 6-2-34

4）在【点钻】对话框【操作】选项组中，单击【生成】按钮，生成图 6-2-35 所示的刀具轨迹。

5）单击【操作】选项组中的【确认】按钮，对生成的刀轨进行可视化验证，结果如图 6-2-36 所示。

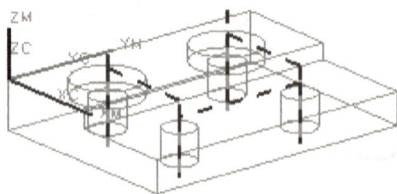

图 6-2-35

图 6-2-36

（3）创建 COUNTERBORING 操作（沉孔加工）

1）单击【创建操作】按钮，打开【创建操作】对话框，在【操作子类型】中选择【COUNTERBORING】操作类型，其他参数选项设置如图 6-2-37 所示。单击【确定】按钮，打开图 6-2-38 所示的【沉头孔加工】对话框。

图 6-2-37

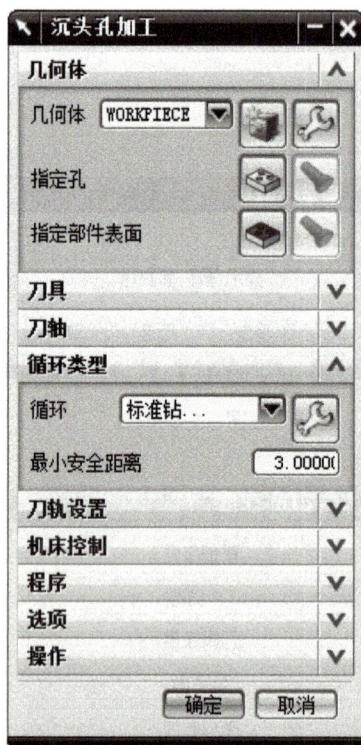

图 6-2-38

2）参考 SPOT_DRILLING 操作，指定孔几何体，如图 6-2-39 所示。

3）在【钻】对话框的【循环类型】选项组中，单击【编辑参数】按钮，打开图 6-2-40

所示的【指定参数组】对话框，使用默认参数。单击【确定】按钮，打开图 6-2-41 所示的
【Cycle 参数】对话框。单击【Depth-模型深度】按钮，打开图 6-2-42 所示的【Cycle 深度】
对话框。单击【模型深度】按钮，返回图 6-2-43 所示的【Cycle 参数】对话框。单击【确
定】按钮，返回【沉头孔加工】对话框。

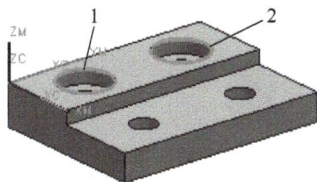

图　6-2-39

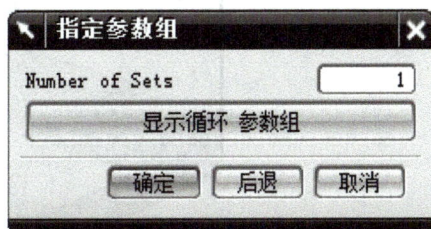

图　6-2-40

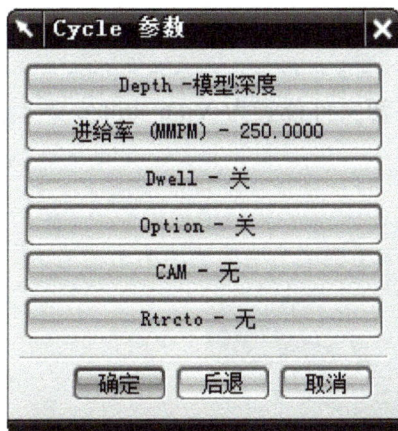

图　6-2-41

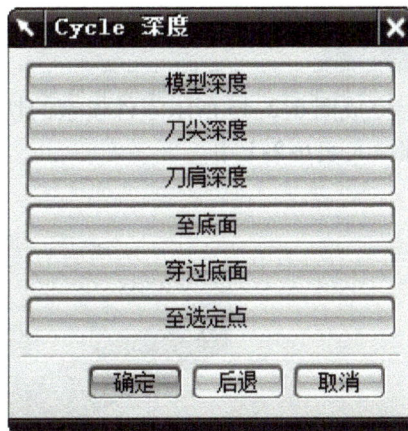

图　6-2-42

4）在【点钻】对话框中的【操作】选项组中，单击【生成】按钮，生成图 6-2-44
所示的刀具轨迹。

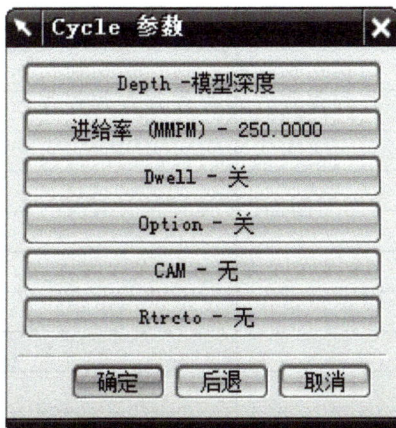

图　6-2-43

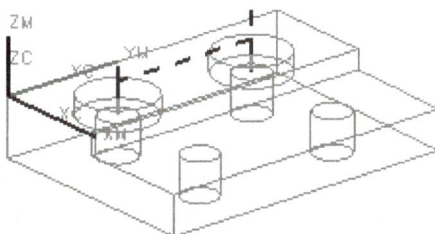

图　6-2-44

5）单击【操作】选项组中的【确认】按钮![icon]，对生成的刀轨进行可视化验证，结果如图 6-2-45 所示。

图　6-2-45

🔆 练一练 --

（1）完成图 6-2-46 所示零件模型的切削加工，源文件位置为 X:/6 drill/6-2-2. prt，将操作步骤填入表 6-2-1 中。

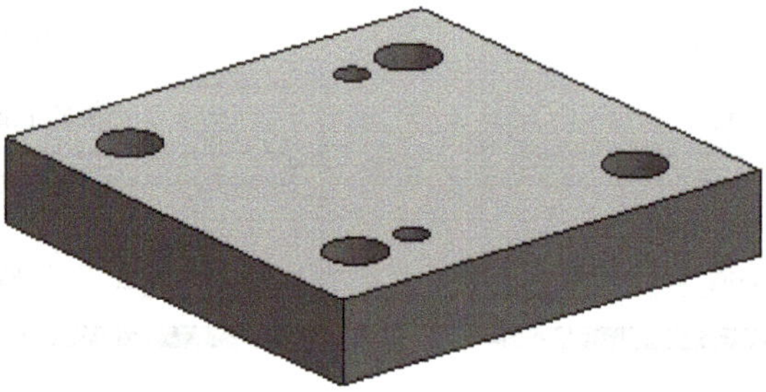

图　6-2-46

表　6-2-1

操 作 名 称	操 作 步 骤	备　　注

（2）完成图6-2-47所示零件模型的切削加工，源文件位置为 X:/6 drill/6-2-3. prt，将操作步骤填入表6-2-2中。

图 6-2-47

表 6-2-2

操 作 名 称	操 作 步 骤	备 注

🛈 小提示

孔加工时，孔的轴线都是与 Z 轴平行的。在遇到非 Z 向的孔时，需要重新建立一个 Z 轴与孔轴线平行的加工坐标系，再进行相关操作和参数的创建与设置。

项目七

车 削 加 工

任务一　车削加工基础

🔾 任务目标

（1）了解车削加工操作中几何体的创建方法，提高学生学习新知识的兴趣。

（2）掌握车削粗加工、精加工的创建方法。

（3）熟悉零件车削加工的流程。

（4）进一步提升学生分析问题、解决问题的能力，培养学生严谨的学习、工作作风。

🔾 知识链接

（一）概述

车削主要用于回转体工件的加工，具有非常广泛的应用，包括内外圆柱面、内外圆锥面、复杂回转内外曲面、圆柱和圆锥螺纹等轮廓的切削加工，以及车槽、钻孔、车孔、扩孔、铰孔、攻螺纹等加工。适合车削加工的典型零件如图 7-1-1 所示。

（二）车削加工操作的创建

1. 创建刀具

单击【插入】工具条上的【创建刀具】图标，或者在菜单栏的【插入】菜单中选择【刀具】命令，打开【创建刀具】对话框。

在【创建刀具】对话框的【类型】下拉列表框中选择【turning】选项，如图 7-1-2 所示，

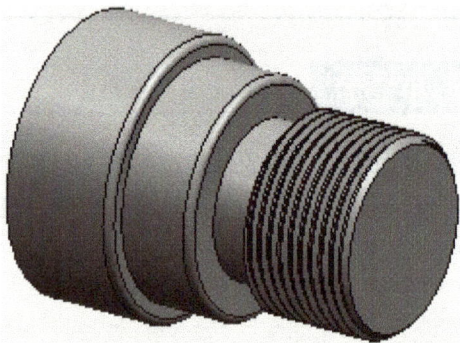

图　7-1-1

车削加工【刀具子类型】包括【钻刀】、【外圆车刀】、【内孔车刀】、【车槽刀】和【螺纹车刀】5 种车刀类型。用户可以根据需要选择合适的刀具类型，然后在相对应的刀具对话框内设置刀具的参数选项。

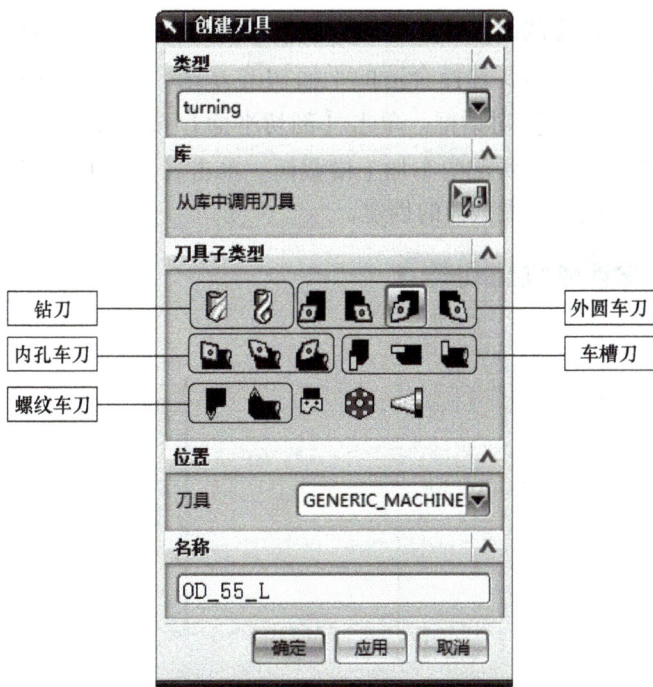

图 7-1-2

2. 创建车削加工横截面

在车削加工中，一般采用车削加工横截面作为零件加工的边界。

在菜单栏中单击【工具】菜单，在下拉菜单中单击【车加工横截面】选项，打开图7-1-3所示的【车加工横截面】对话框。

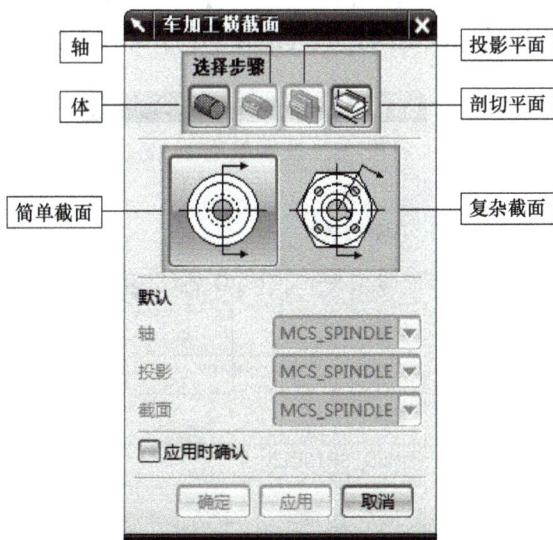

图 7-1-3

单击【体】按钮 和【简单截面】按钮 ，在工作区中单击选中模型部件。单击

【剖切平面】按钮，在【截面】下拉列表框中选择【用户定义】选项，打开图 7-1-4 所示的【平面】对话框，根据需要选择合适的平面构造方式，指定剖切平面。单击【确定】按钮，返回【车加工横截面】对话框。单击【剖切平面】按钮，单击【确定】或【应用】按钮，系统生成图 7-1-5 所示的车加工横截面。单击【取消】按钮，关闭【车加工横截面】对话框，完成车削加工横截面的创建。

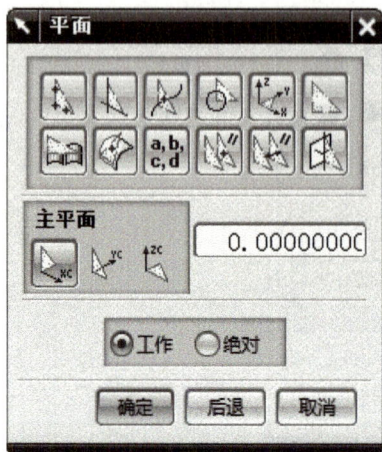

图　7-1-4

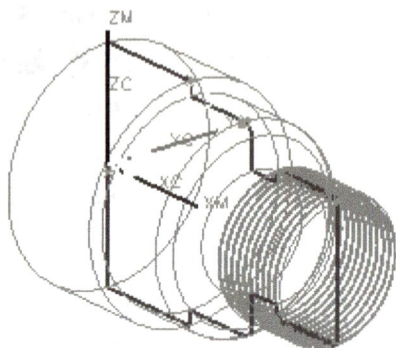

图　7-1-5

3. 定义加工几何体

单击【创建几何体】图标，或者在【插入】下拉菜单中选择【几何体】命令，打开图 7-1-6 所示的【创建几何体】对话框。

在【创建几何体】对话框中，【几何体子类型】包括【主轴加工坐标系】、【工件】、【车削工件】、【车削部件】、【空间范围】和【避让几何】6 种类型。

图　7-1-6

（1）主轴加工坐标系　在【创建几何体】对话框的【几何体子类型】选项组中，单击

【主轴加工坐标系】按钮，然后单击【确定】按钮，打开图 7-1-7 所示的【MCS 主轴】对话框，用户可以根据需要创建坐标系。

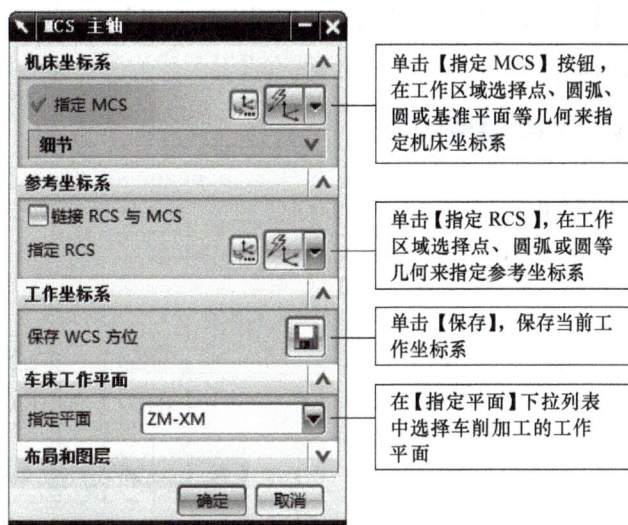

单击【指定 MCS】按钮，在工作区域选择点、圆弧、圆或基准平面等几何来指定机床坐标系

单击【指定 RCS】，在工作区域选择点、圆弧或圆等几何来指定参考坐标系

单击【保存】，保存当前工作坐标系

在【指定平面】下拉列表中选择车削加工的工作平面

图 7-1-7

（2）工件 在【创建几何体】对话框的【几何体子类型】选项组中，单击【工件】按钮，然后单击【确定】按钮，打开图 7-1-8 所示的【工件】对话框。相关选项设置在前面的项目已做过介绍，在此不再赘述。

（3）车削工件 车削工件几何体用来指定部件边界和毛坯边界。

在【创建几何体】对话框的【几何体子类型】选项组中，单击【车削工件】按钮，然后单击【确定】按钮，打开图 7-1-9 所示的【车削工件】对话框。

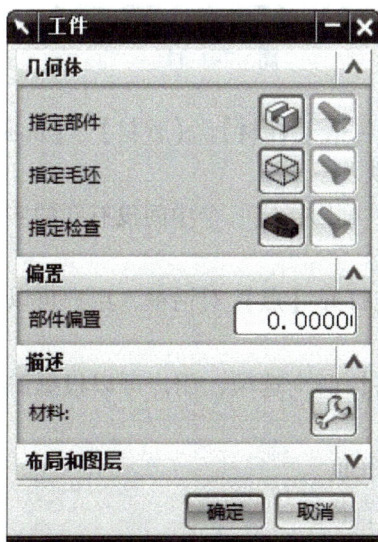

图 7-1-8

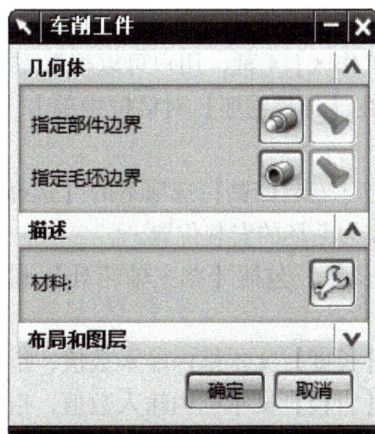

图 7-1-9

1）在【车削工件】对话框中单击【选择或编辑部件边界】按钮 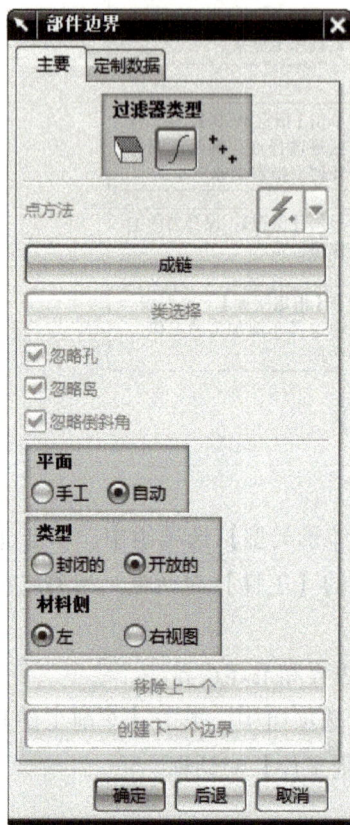，打开图 7-1-10 所示的【部件边界】对话框。相关选项设置在前面的项目已做过介绍，在此不再赘述。

2）在【车削工件】对话框中单击【选择或编辑毛坯边界】按钮 ，打开图 7-1-11 所示的【选择毛坯】对话框。

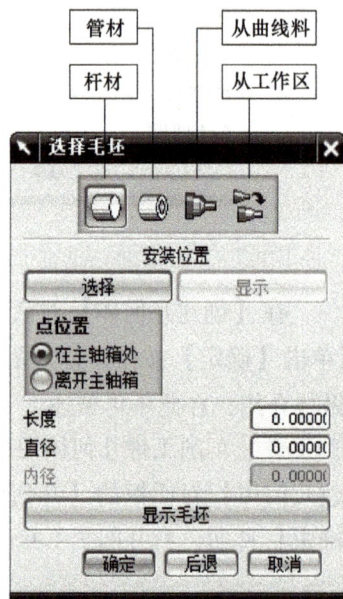

图 7-1-10　　　　　　　　　　图 7-1-11

在【选择毛坯】对话框中，毛坯边界的选择类型包括【杆材】、【管材】、【从曲线料】和【从工作区】4 种，用户可以根据需要选择合适的类型。

① 在【选择毛坯】对话框中单击【杆材】按钮，可以指定一个中间没有孔的实心杆状材料。

单击【安装位置】选项下的【选择】按钮，系统打开【点】对话框，用户可以指定合适的点作为毛坯的安装位置。

【点位置】包括【在主轴箱处】和【离开主轴箱】两个选项，用户可以根据需要进行指定。

在【长度】文本框内输入数值，指定实心杆材的长度。

在【直径】文本框内输入数值，指定实心杆材的直径。

② 在【选择毛坯】对话框中单击【管材】按钮，可以指定一个中间有孔的实体管材材料。

单击【安装位置】选项下的【选择】按钮，系统打开【点】对话框，用户可以指定合适的点作为毛坯的安装位置。

【点位置】包括【在主轴箱处】和【离开主轴箱】两个选项，用户可以根据需要进行指定。

在【长度】文本框内输入数值，指定管材的长度。

在【外径】文本框内输入数值，指定管材的外径。

在【内径】文本框内输入数值，指定管材的内径。

③ 在【选择毛坯】对话框中单击【从曲线料】按钮，【选择毛坯】对话框如图 7-1-12 所示。

单击【选择】按钮，系统打开图 7-1-13 所示的【毛坯边界】对话框，用户可以根据需要选择【面】、【曲线】和【点】等方式对毛坯边界进行指定。

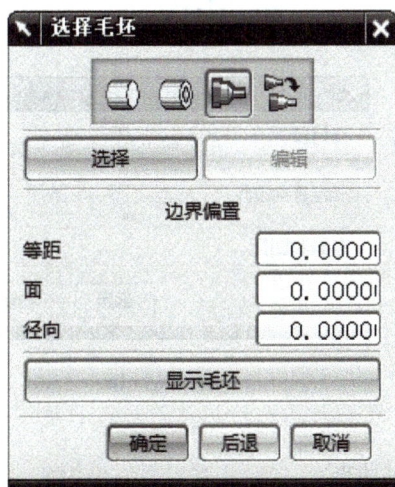

图 7-1-12

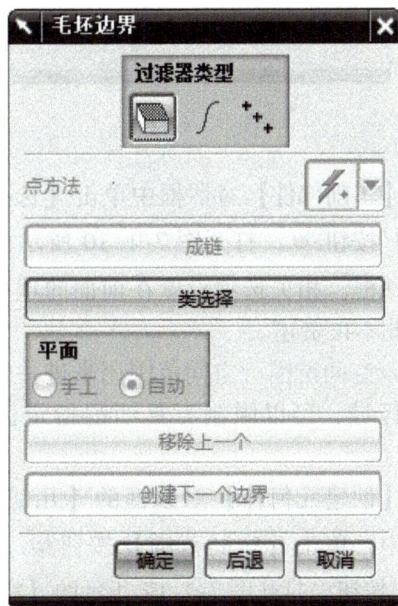

图 7-1-13

在【等距】文本框内输入数值，指定边界的偏置距离。

在【面】文本框内输入数值，指定相关面的偏置距离。

在【径向】文本框内输入数值，指定边界的径向偏置距离。

④ 在【选择毛坯】对话框中单击【从工作区】按钮，【选择毛坯】对话框如图 7-1-14 所示。

单击【参考位置】或【目标位置】选项下的【选择】按钮，系统都会打开图 7-1-15 所示的【点】对话框，用户可以指定合适的点作为毛坯的参考位置或目标位置。

单击【确定】按钮，返回【车削工件】对话框，再单击【确定】按钮，完成车削工件几何体的创建。

(4) 车削部件 在【创建几何体】对话框的【几何体子类型】选项中单击【车削部件】按钮，然后单击【确定】按钮，打开图 7-1-16 所示的【车削部件】对话框。

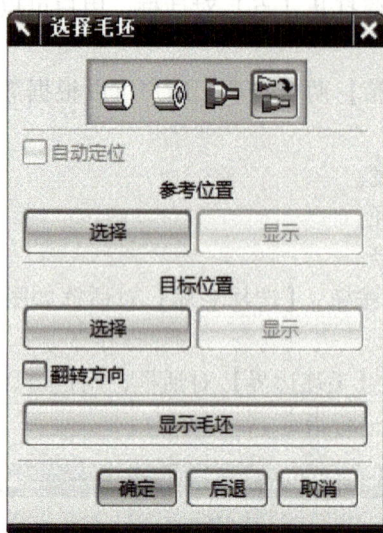

图 7-1-14

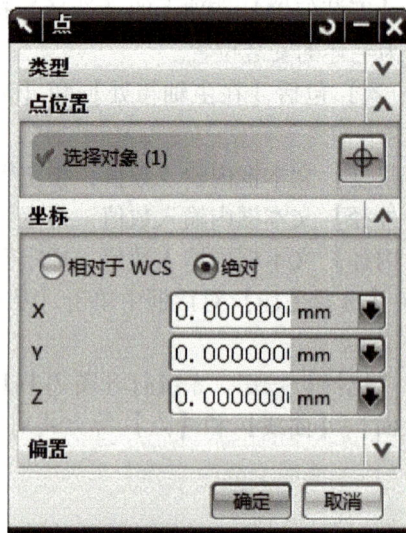

图 7-1-15

在【车削部件】对话框中单击【选择或编辑部件边界】按钮，打开图7-1-10所示的【部件边界】对话框。相关选项设置在前面的项目已做过介绍，在此不再赘述。

（5）空间范围　空间范围用来进一步限制刀具的切削区域，可以限制刀具切削指定区域以外的材料。

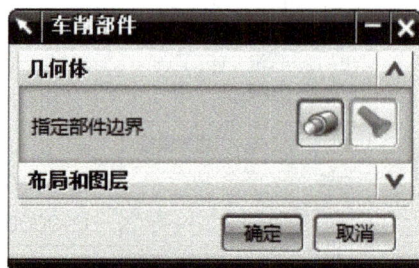

图 7-1-16

在【创建几何体】对话框的【几何体子类型】选项组中，单击【空间范围】按钮，然后单击【确定】按钮，打开图7-1-17所示的【空间范围】对话框。

在【空间范围】对话框中，用户可以设置两个径向修剪平面、两个轴向修剪平面和两个修剪点，以限制刀具的切削区域。用户可以通过指定轴向修剪平面1和轴向修剪平面3限定切削区域1、切削区域2和切削区域3；通过指定轴向修剪平面2和轴向修剪平面3或者指定点修剪点1和修剪点2限定切削区域3。用户可以根据实际的加工需要选择合适的选项进行切削区域的设置，如图7-1-18所示。

（6）避让几何　避让几何用来指定刀具不需要切削加工的区域，或者指定其他几何体，如部件和夹具等，以防刀具与这些几何体发生碰撞。

在【创建几何体】对话框的【几何体子类型】选项组中，单击【避让几何】按钮，然后单击【确定】按钮，打开图7-1-19所示的【避让】对话框。

用户可以在【避让】对话框中指定出发点、运动起点、进刀点、退刀点和回零点等刀具运动的一些特定位置。此外，用户还可以选择刀具的运动类型，如图7-1-19所示，各点的刀具运动类型基本相同。以【运动到返回点/安全平面（RT）】为例：

在【运动类型】下拉列表框中选择【无】选项，指定不设置运动类型。

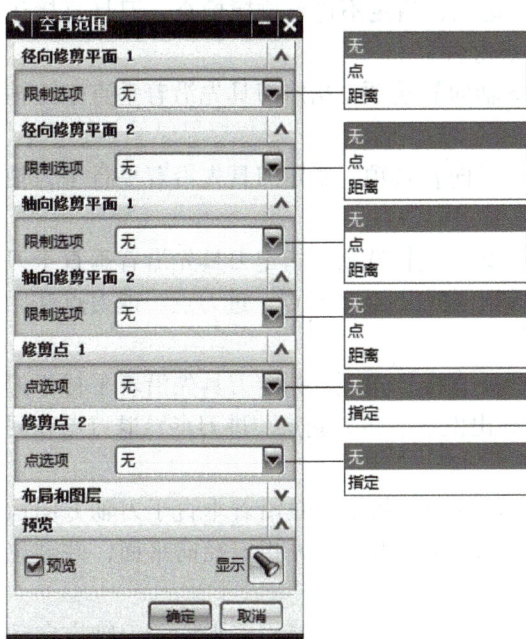

图　7-1-17

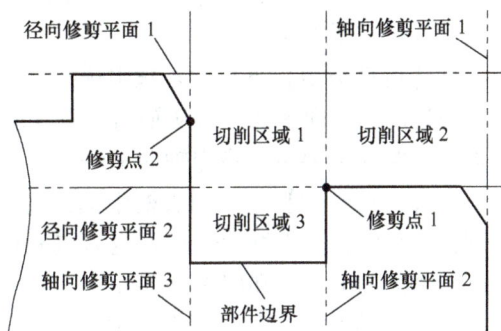

图　7-1-18

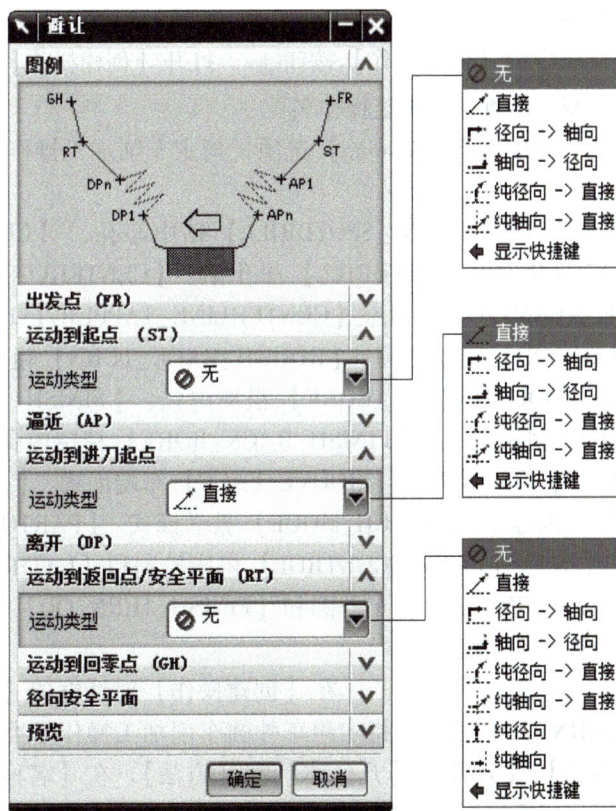

图　7-1-19

在【运动类型】下拉列表框中选择【直接】选项，指定不进行碰撞检查，刀具直接运动到出发点、运动起点、进刀点、退刀点和回零点等位置。

在【运动类型】下拉列表框中选择【径向->轴向】选项，指定刀具先沿着垂直于刀轴方向运动，再沿着平行于刀轴方向运动。

在【运动类型】下拉列表框中选择【轴向->径向】选项，指定刀具先沿着平行于刀轴方向运动，再沿着垂直于刀轴方向运动。

在【运动类型】下拉列表框中选择【纯径向->直接】选项，指定刀具先沿着垂直于刀轴方向运动到径向平面，再从径向平面直接运动到出发点、运动起点、进刀点、退刀点和回零点等位置（需要事先指定径向平面）。

在【运动类型】下拉列表框中选择【纯轴向->直接】选项，指定刀具先沿着平行于刀轴方向运动到轴向平面，再从轴向平面直接运动到出发点、运动起点、进刀点、退刀点和回零点等位置（需要事先指定轴向平面）。

在【运动类型】下拉列表框中选择【纯径向】选项，指定刀具沿着垂直于刀轴方向运动到径向平面，不再继续运动到退刀点和回零点等位置（需要事先指定径向平面，并会忽略已经激活的退刀点和回零点等位置）。

在【运动类型】下拉列表框中选择【纯轴向】选项，指定刀具沿着平行于刀轴方向运动到轴向平面，不再继续运动到退刀点和回零点等位置（需要事先指定轴向平面，并会忽略已经激活的退刀点和回零点等位置）。

4. 创建车削加工操作

单击【插入】工具条中的【创建操作】按钮，打开【创建操作】对话框，系统提示用户"选择类型、子类型、位置，并指定操作名"。

在【类型】下拉列表框中选择【turning】选项，指定车削加工操作模板，【创建操作】对话框如图 7-1-20 所示。

在操作子类型中有【CENTERLINE_SPOTDRILL】钻中心孔、【CENTERLINE_DRILLING】一般钻孔、【CENTERLINE_PECKDRILL】深孔钻、【CENTERLINE_BREAKCHIP】断屑钻、【CENTERLINE_REAMING】铰孔、【CENTERLINE_TAPPING】攻螺纹、【FACING】车端面、【ROUGH_TURN_OD】粗车外圆、【ROUGH_BACK_TURN】粗车外圆、【ROUGH_BORE_ID】粗镗内孔、【ROUGH_BACK_BORE】粗镗内孔、【FINISH_TURN_OD】精车外圆、【FINISH_BORE_ID】精镗内孔、【FINISH_BACK_BORE】精镗内孔、【GROOVE_OD】车外圆槽、【GROOVE_ID】车内孔槽、【GROOVE_FACE】车端面槽、【THREAD_OD】车外螺纹、【THREAD_ID】车内螺纹、【TEACH_MODE】教学模式、【PARTOFF】切断、【BAR_FEED_STOP】主轴进料停止、【LATHE_CONTROL】机床控制和【LATHE_USER】用户定义 24 种。其中以【ROUGH_TURN_OD】粗车外圆和【FINISH_TURN_OD】精车外圆用得最多，故接下来主要介绍这两种车削类型。

(1)【ROUGH_TURN_OD】粗车外圆　在【创建操作】对话框的【操作子类型】选项组中选择【ROUGH_TURN_OD】选项，指定粗车外圆车削加工操作子类型。在【位置】选项组中选择合适的【程序】、【刀具】、【几何体】和【方法】。在【名称】文本框中输入合适的操作名称，也可以使用系统默认名称。单击【确定】按钮，打开图 7-1-21 所示的【粗车 OD】对话框，系统提示用户"指定参数"。用户可以对【几何体】、【切削策略】、【刀

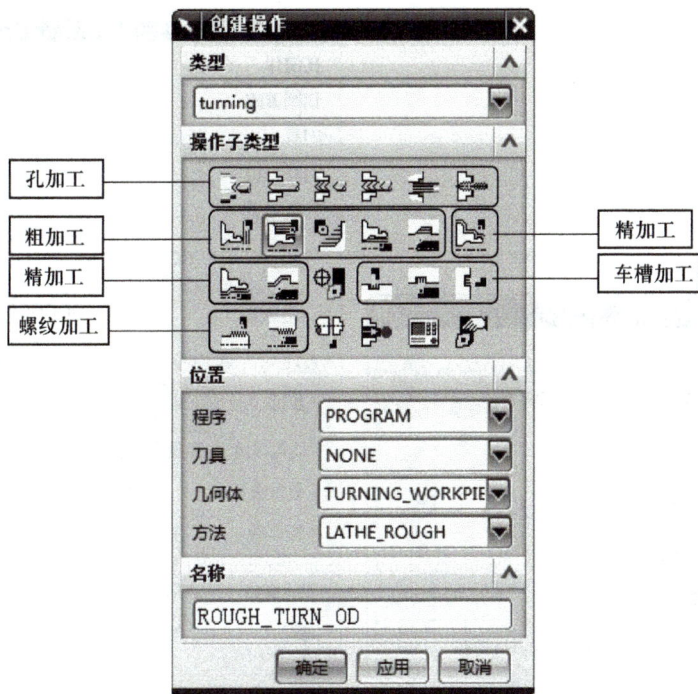

图　7-1-20

具】、【刀具方位】、【刀轨设置】、【机床控制】、【程序】、【布局和图层】、【选项】和【操作】等参数选项进行设置。

1）切削策略。在【粗车 OD】对话框的【切削策略】下拉列表框中有【单向线性切削】、【线性往复切削】、【倾斜单向切削】、【倾斜往复切削】、【单向轮廓切削】、【轮廓往复切削】、【单向插削】、【往复插削】、【交替插削】和【交替插削（余留塔台）】10 种粗加工车削策略，如图 7-1-22 所示。

选择【单向线性切削】选项，指定在每一次切削过程中，刀具的切削深度不变，并且沿着同一个方向切削。

选择【线性往复切削】选项，指定在每一次切削过程中，刀具的切削深度不变，但是方向发生交替变化。

选择【倾斜单向切削】选项，指定在每一次切削过程中，刀具的切削深度从刀具轨迹的起点到终点逐渐增大或者减小，并且沿着同一个方向切削。

选择【倾斜往复切削】选项，指定在每一次切削过程中，刀具的切削深度从刀具轨迹的起点到终点逐渐增大或者减小，但是方向发生交替变化。

选择【单向轮廓切削】选项，指定刀具沿着部件的轮廓进行切削，并且沿着同一个方向切削。

选择【轮廓往复切削】选项，指定在每一次切削过程中，刀具沿着部件的轮廓进行切削，但是方向发生交替变化。

选择【单向插削】选项，指定在每一次切削过程中，刀具沿着同一个方向单向插削。

选择【往复插削】选项，指定在每一次切削过程中，刀具往复车削，直到插削切削区域的底部。

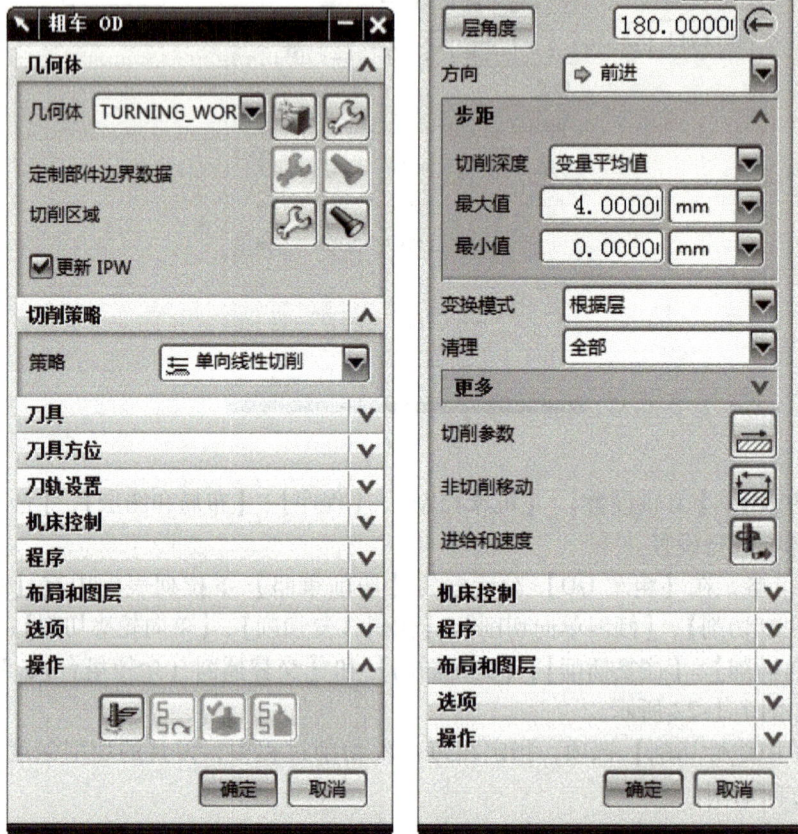

图 7-1-21

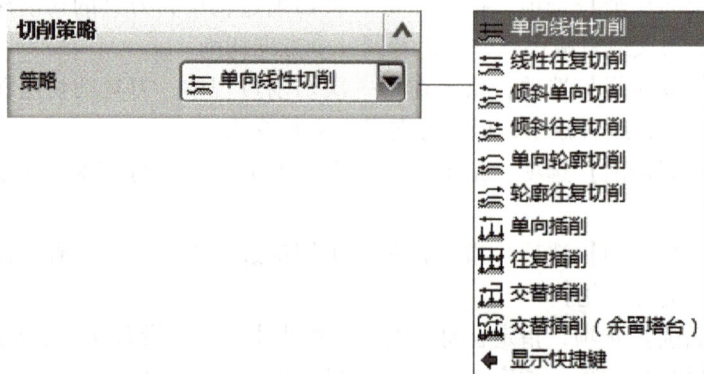

图 7-1-22

选择【交替插削】选项，指定下一次切削的位置处于上一次切削的另一边。

选择【交替插削（余留塔台）】选项，指定在切削过程中，偏置连续插削在刀片两侧实现对称刀具磨平。当在反向执行第二个刀轨时，将切除这些塔。

2）其他参数选项。对于其他参数选项，用户可以参考前面的项目任务根据需要进行设置，在此不再赘述。

单击【确定】按钮，完成【ROUGH_TURN_OD】粗车外圆操作的创建。

（2）【FINISH_TURN_OD】精车外圆　在【创建操作】对话框的【操作子类型】下拉列表框中选择【FINISH_TURN_OD】选项，指定精车外圆车削加工操作子类型，如图 7-1-23 所示。在【位置】选项组中选择合适的【程序】、【刀具】、【几何体】和【方法】。在【名称】文本框中输入合适的操作名称，也可以使用系统默认名称。

单击【确定】按钮，打开图 7-1-24 所示的【精车 OD】对话框，系统提示用户"指定参数"。用户可以对【几何体】、【切削策略】、【刀具】、【刀具方位】、【刀轨设置】、【机床控制】、【程序】、【布局和图层】、【选项】和【操作】等参数选项进行设置。

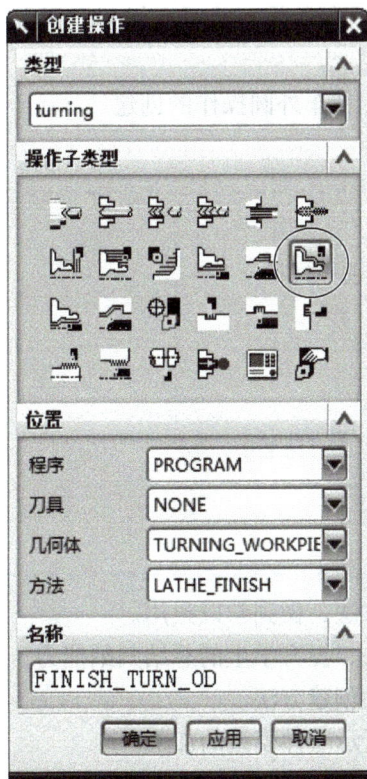

图　7-1-23　　　　　　　　　图　7-1-24

1）切削策略。【精车 OD】对话框中的【切削策略】下拉列表框中有【全部精加工】、【仅向下】、【仅周面】、【仅面】、【首先周面，然后面】、【首先面，然后周面】、【指向角】和【离开角】8 种精加工车削策略，如图 7-1-25 所示。

选择【全部精加工】选项，指定在每一次精车过程中，刀具始终沿着部件的轮廓切削，完成所有面的切削。

选择【仅向下】选项，指定在每一次精车过程中，刀具的切削方向仅向下。

选择【仅周面】选项，指定在每一次精车过程中，只加工周面。

选择【仅面】选项，指定在每一次精车过程中，只加工面。

选择【首先周面，然后面】选项，指定在每一次精车过程中，先加工周面，再加工面。

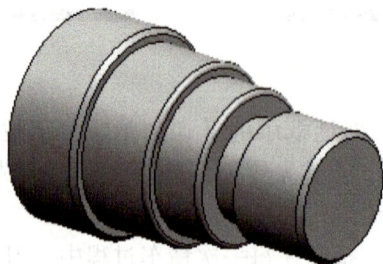

图　7-1-25

选择【首先面，然后周面】选项，指定在每一次精车过程中，先加工面，再加工周面。

选择【指向角】选项，指定在每一次精车过程中，刀具的切削方向指向部件的拐角。

选择【离开角】选项，指定在每一次精车过程中，刀具沿着远离拐角的方向切削。

2）其他参数选项。对于其他参数选项，用户可以参考前面的项目任务根据需要进行设置，在此不再赘述。

单击【确定】按钮，完成【FINISH_TURN_OD】精车外圆操作的创建。

想一想

（1）车削加工的操作子类型有哪些？

（2）创建车削加工操作时需要指定的几何体有哪些类型？

（3）创建车削加工操作的具体流程是怎样的？

（4）创建粗/精车削加工操作时有何异同点？

任务二　车削加工范例

任务目标

（1）熟悉车削加工部件边界和毛坯边界的选择方法，做到学以致用。

（2）熟练掌握车削加工横截面和刀具的创建方法，提升学生的总结归纳能力。

（3）熟练掌握车削加工中粗车加工和车槽加工的创建方法。

（4）利用合适的车削加工方法，完成图 7-2-1 所示零件模型的加工。

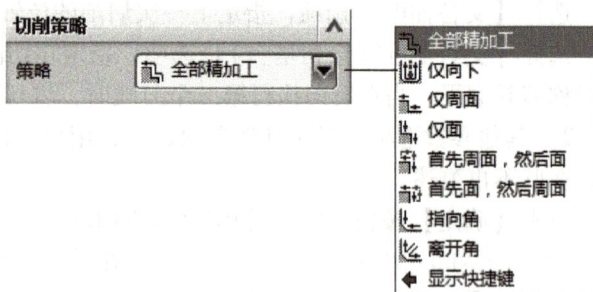

图　7-2-1

1. 准备工作

1）在桌面上双击 UG NX 6.0 图标📠，打开 UG 软件。

2）单击【打开】📂按钮，找到模型文件【7-2-1. prt】，如图 7-2-2 所示，单击【OK】按钮。

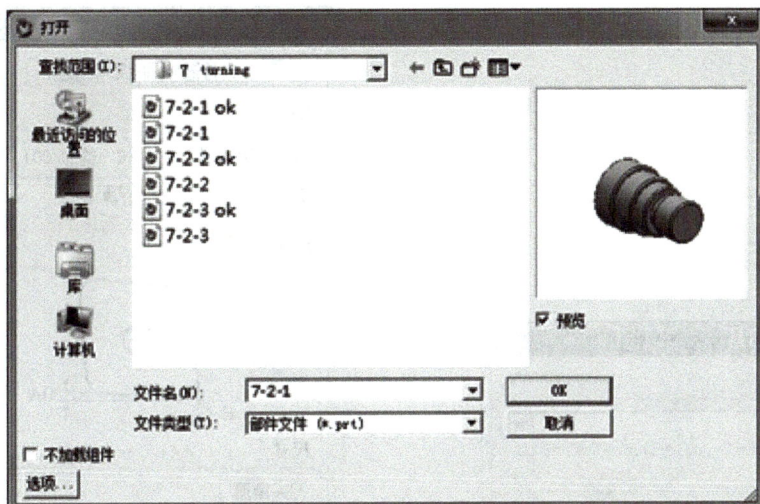

图　7-2-2

2. 进入加工环境

单击【标准】工具条上的【开始】按钮，在下拉菜单中选择【加工】命令（图7-2-3），打开图 7-2-4 所示的【加工环境】对话框。选择【turning】选项，单击【确定】按钮，进入加工环境。

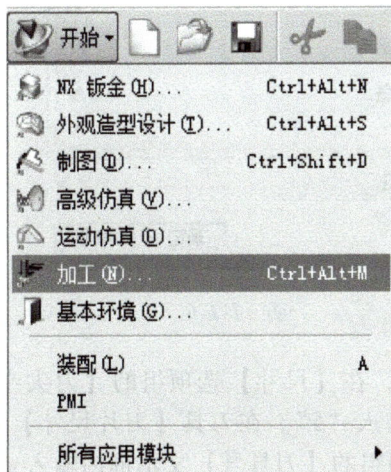

图　7-2-3

图　7-2-4

3. 创建刀具

（1）创建 OD_80_L 外圆车刀　单击【插入】工具条上的【创建刀具】按钮 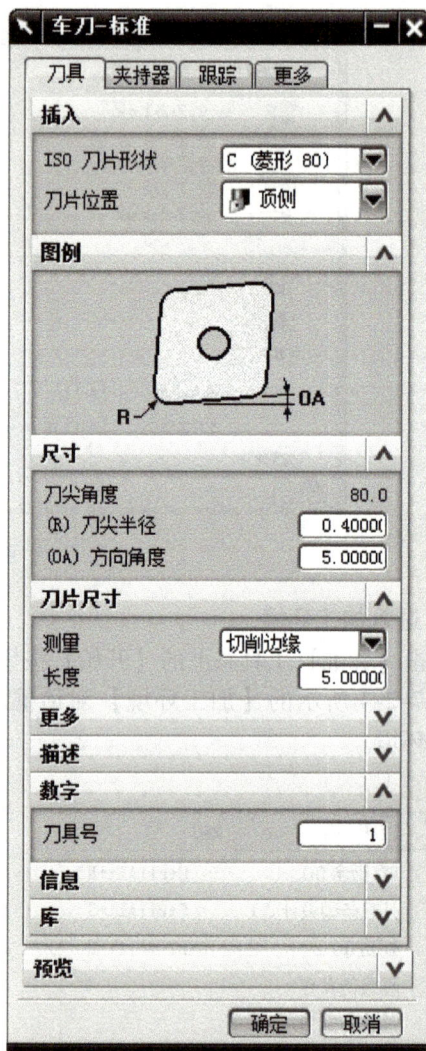，打开图 7-2-5 所示的【创建刀具】对话框。在【类型】下拉列表框中选择【turning】选项，在【刀具子类型】中选择【OD_80_L】图标 ，在刀具【位置】选项组中选择【GENERIC_MACHINE】选项，在【名称】文本框内输入刀具的名称【OD_80_L】。单击【确定】按钮，打开图 7-2-6 所示的【车刀-标准】对话框。

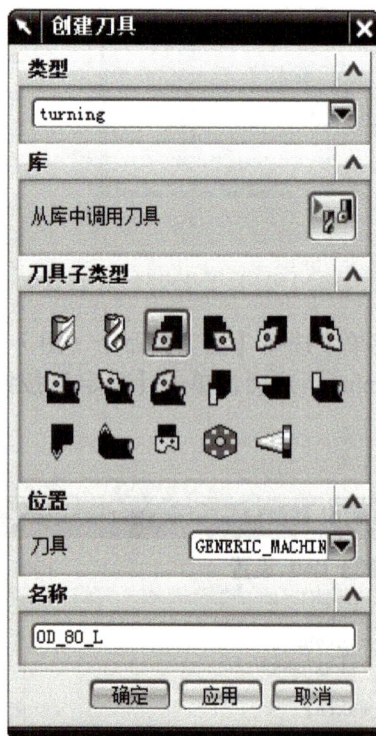

图 7-2-5

图 7-2-6

在【车刀-标准】对话框中的【刀具】选项卡中，在【尺寸】选项组的【刀尖半径】文本框内输入"0.4mm"，在【方向角度】文本框内输入"5"。在刀具【刀片尺寸】选项组的【长度】文本框内输入"5mm"。在【数字】选项组的【刀具号】文本框内输入"1"。其他参数选项选用默认值。单击【确定】按钮，完成 OD_80_L 外圆车刀的创建。

（2）创建 OD_GROOVE_L 外切槽车刀　在【刀具子类型】中选择【OD_GROOVE_L】

图标 ![图标], 在刀具【位置】选项组中选择【GENERIC_MACHINE】选项, 在【名称】文本框内输入刀具的名称"OD_GROOVE_L", 单击【确定】按钮, 打开图7-2-7所示的【槽刀-标准】对话框。

在【槽刀-标准】对话框中的【刀具】选项卡中, 在【尺寸】选项组的【刀片长度】文本框内输入"7mm", 在【刀片宽度】文本框内输入"2mm"。在【数字】选项组的【刀具号】文本框内输入"2"。其他参数选项选用默认值。单击【确定】按钮, 完成OD_GROOVE_L外切槽车刀的创建。

4. 设置加工坐标系

单击【几何视图】按钮 ![按钮], 操作导航器切换到【操作导航器-几何】界面, 如图7-2-8 示。双击【MCS_SPINDLE】图标, 打开图7-2-9所示的【Turn Orient】对话框。在【车床工作平面】选项组的【指定平面】下拉列表框中选择【ZM-XM】选项。单击CSYS按钮 ![按钮], 打开图7-2-10所示的【CSYS】对话框, 选择模型最右端面圆心点, 将XM-YM-ZM坐标系原点调整至与XC-YC-ZC坐标系原点重合, 如图7-2-11所示。

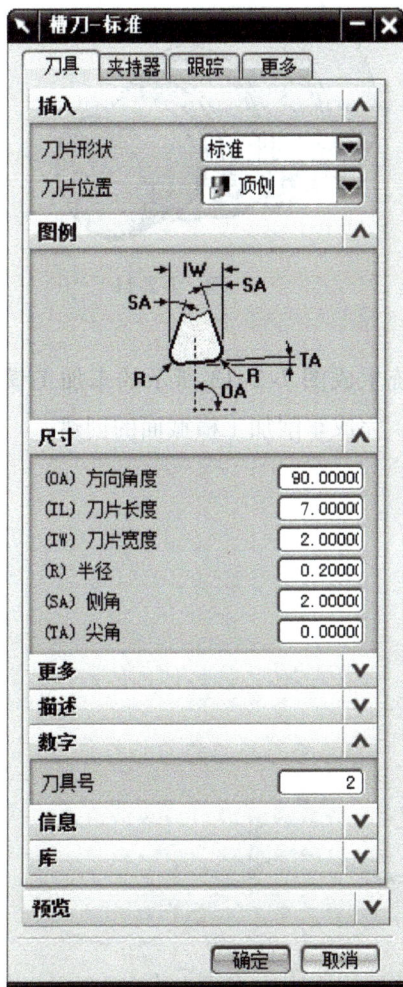

图 7-2-7

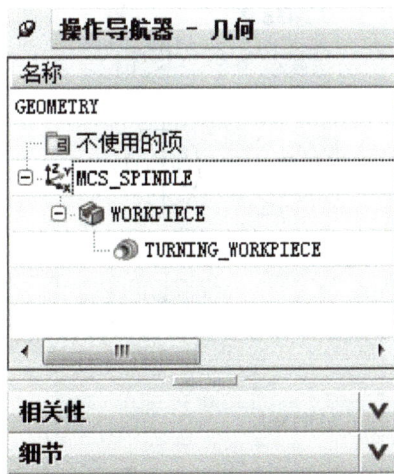

图 7-2-8

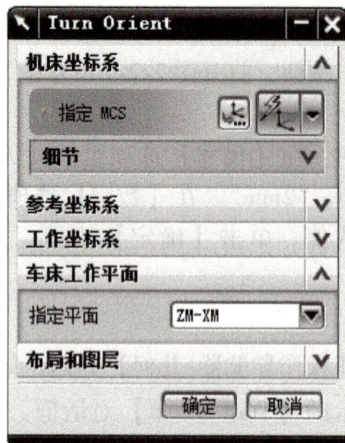

图 7-2-9   图 7-2-10

单击【确定】按钮，返回【Turn Orient】对话框。单击【确定】按钮，关闭【Turn Orient】对话框，完成加工坐标系的设置。

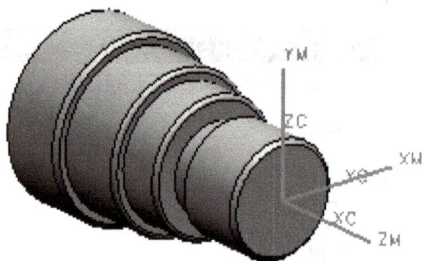

5. 创建车削加工横截面

单击菜单栏中的【工具】菜单，在下拉菜单中选择【车加工横截面】命令，打开图 7-2-12 所示的【车加工横截面】对话框。

单击【体】按钮 和【简单截面】按钮 ，在工作区中单击选中模型部件。单击【剖切平面】

图 7-2-11

按钮 ，单击【确定】按钮或【应用】按钮，系统生成图 7-2-13 所示的车加工横截面。单击【取消】按钮，关闭【车加工横截面】对话框，完成车削加工横截面的创建。

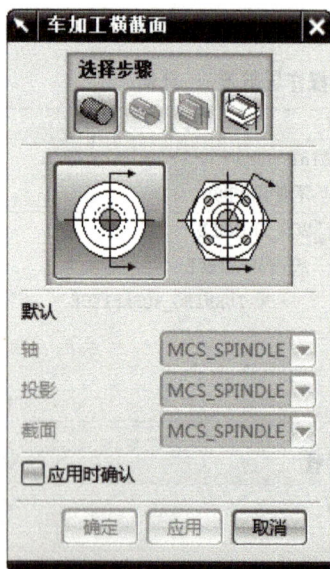

图 7-2-12

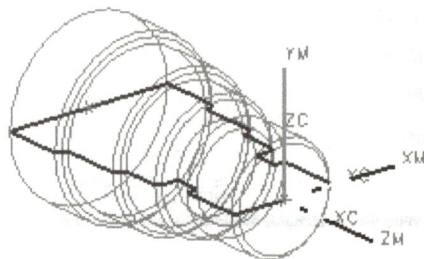

图 7-2-13

6. 创建加工几何体

在操作导航器【操作导航器-几何】中双击【TURNING_WORKPIECE】图标，打开图 7-2-14 所示的【Turn Bnd】对话框。

（1）指定部件边界 在【Turn Bnd】对话框中的【几何体】选项组中，单击【选择或编辑部件边界】按钮，打开图 7-2-15 所示的【部件边界】对话框。

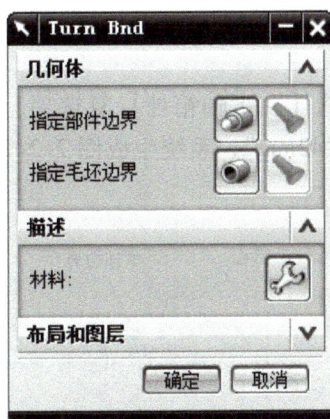

图 7-2-14

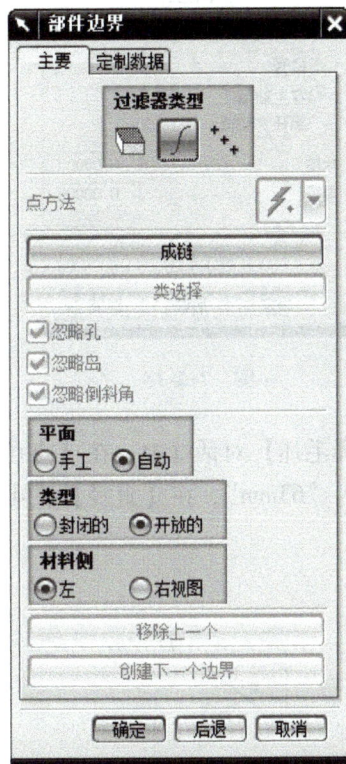

图 7-2-15

在【部件边界】对话框中，单击【成链】按钮，先后选择图 7-2-16 所示的曲线 1 与曲线 2，生成图 7-2-17 所示的部件边界。单击【确定】按钮，返回【Turn Bnd】对话框。

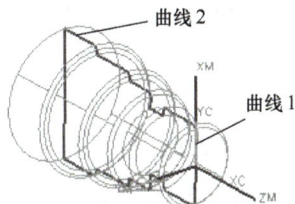

图 7-2-16

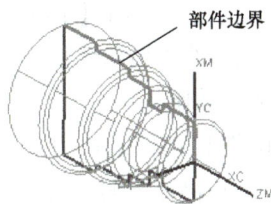

图 7-2-17

（2）指定毛坯边界 在【Turn Bnd】对话框的【几何体】选项组中，单击【选择或编辑毛坯边界】按钮，打开图 7-2-18 所示的【选择毛坯】对话框。

在【选择毛坯】对话框中，单击【安装位置】选项组中的【选择】按钮，打开图 7-2-19

所示的【点】对话框。选择图 7-2-20 所示模型左端面圆心点 1。单击【确定】按钮，返回【选择毛坯】对话框。

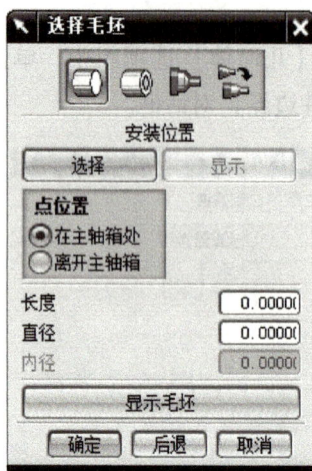

图 7-2-18

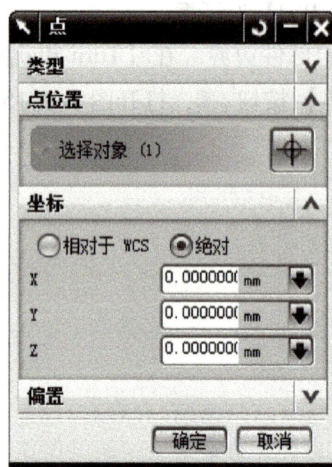

图 7-2-19

在【选择毛坯】对话框中，在【点位置】处点选【在主轴箱处】复选项，在【长度】文本框中输入"63mm"，在【直径】文本框中输入"42mm"，系统生成图 7-2-21 所示的毛坯边界。

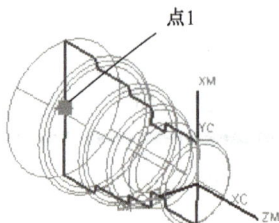

图 7-2-20

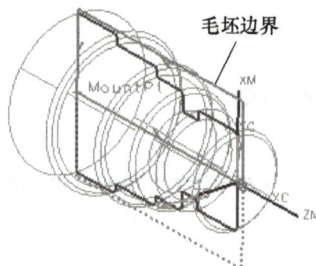

图 7-2-21

单击【确定】按钮，返回【Turn Bnd】对话框，再单击【确定】按钮，关闭【Turn Bnd】对话框，完成部件边界和毛坯边界的选择。

7. 创建粗车加工操作

单击【创建操作】按钮 ，打开【创建操作】对话框，在【操作子类型】中选择【ROUGH_TURN_OD】操作类型，其他参数选项设置如图 7-2-22 所示。单击【确定】按钮，打开图 7-2-23 所示的【粗车 OD】对话框。

1）在【粗车 OD】对话框中，在【切削策略】选项组的【策略】下拉列表框中选择【单向线性切削】选项。

2）在【刀轨设置】选项组中，在【步距】的【最大值】文本框内输入"2mm"，如图 7-2-24 所示。

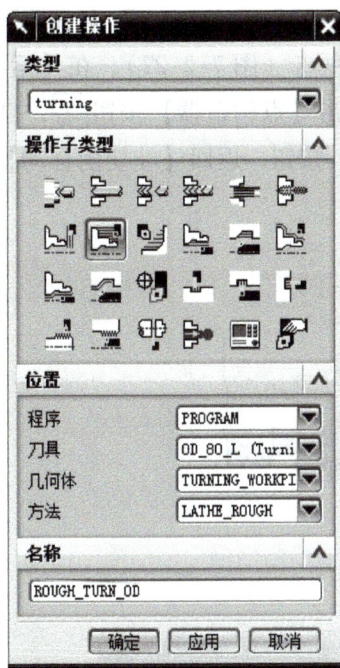

图　7-2-22

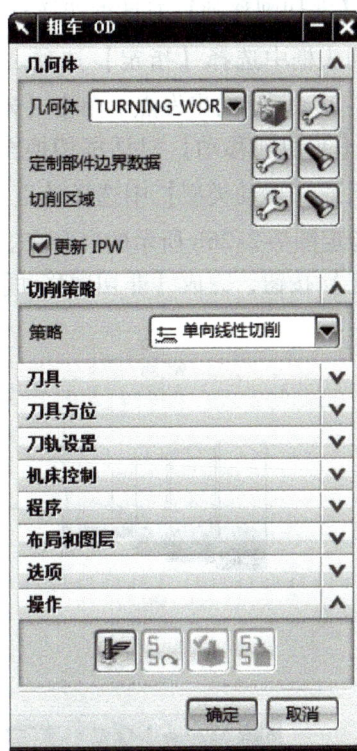

图　7-2-23

3）单击【非切削移动】按钮，打开图 7-2-25 所示的【非切削移动】对话框。

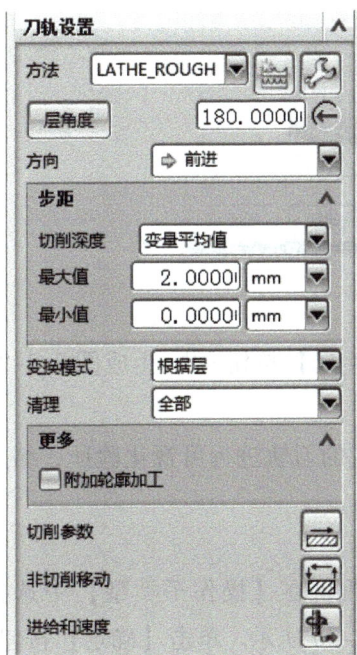

图　7-2-24

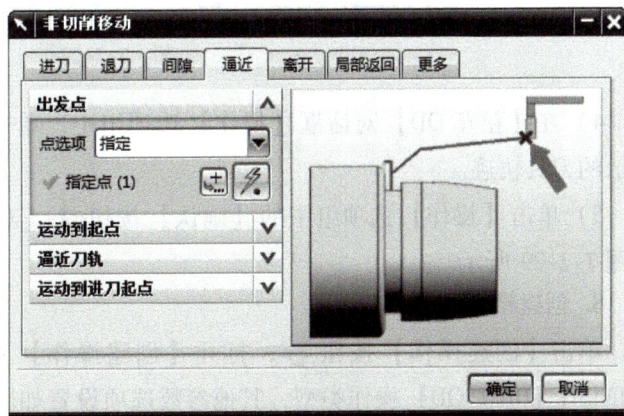

图　7-2-25

① 将【非切削移动】对话框切换至【逼近】选项卡，在【出发点】选项组中的【点选项】下拉列表框中选择【指定】选项。单击【点构造器】按钮，打开【点】对话框，指定图 7-2-26a 所示的出发点。单击【确定】按钮，返回【非切削移动】对话框。

② 将【非切削移动】对话框切换至【离开】选项卡（图 7-2-27），在【运动到回零点】选项组的【运动类型】中选择【直接】选项。单击【点构造器】按钮，打开【点】对话框，指定图 7-2-26b 所示的离开点。单击【确定】按钮，返回【非切削移动】对话框。单击【确定】按钮，完成【非切削移动】的设置。

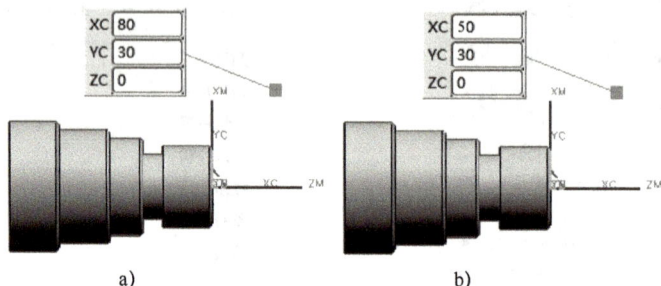

a)   b)

图　7-2-26

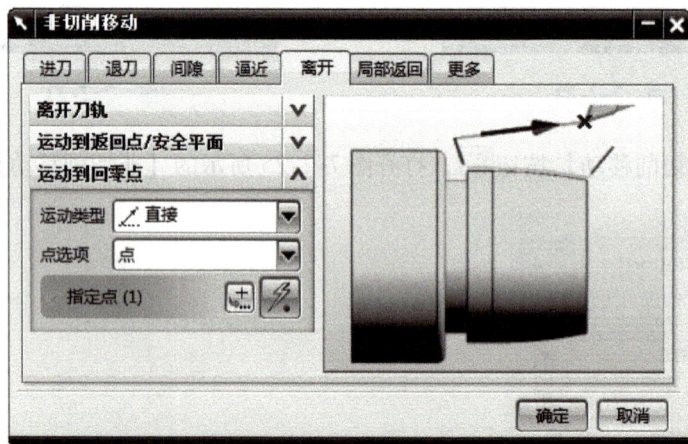

图　7-2-27

4）在【粗车 OD】对话框【操作】选项组中，单击【生成】按钮，生成图 7-2-28 所示的刀具轨迹。

5）单击【操作】选项组中的【确认】按钮，对生成的刀轨进行可视化验证，结果如图 7-2-29 所示。

8. 创建精车加工操作

单击【创建操作】按钮，打开【创建操作】对话框，在【操作子类型】中选择【FINISH_TURN_OD】操作类型，其他参数选项设置如图 7-2-30 所示。单击【确定】按钮，打开图 7-2-31 所示的【精车 OD】对话框。

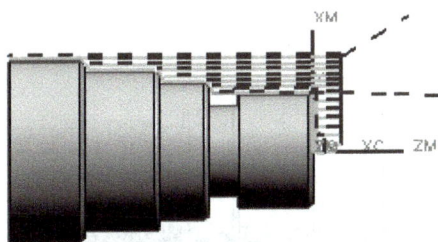

图 7-2-28

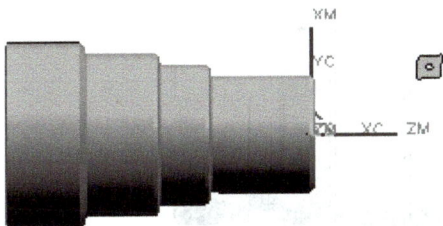

图 7-2-29

图 7-2-30

图 7-2-31

1）在【精车OD】对话框中，在【切削策略】选项组的【策略】下拉列表框中选择【全部精加工】选项。

2）参考粗车加工操作，设置【非切削移动】参数选项。

3）在【精车OD】对话框中的【操作】选项组中，单击【生成】按钮 ，生成图7-2-32所示的刀具轨迹。

4）单击【操作】选项组中的【确认】按钮 ，对生成的刀轨进行可视化验证，结果如图7-2-33所示。

9. 创建车槽加工操作

单击【创建操作】按钮 ，打开【创建操作】对话框，在【操作子类型】中选择

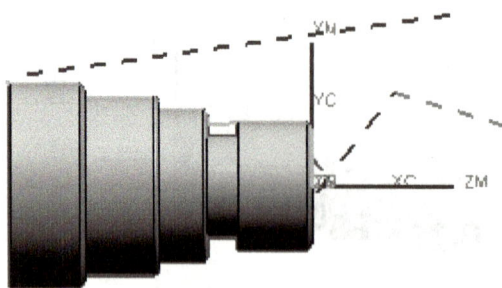

图 7-2-32

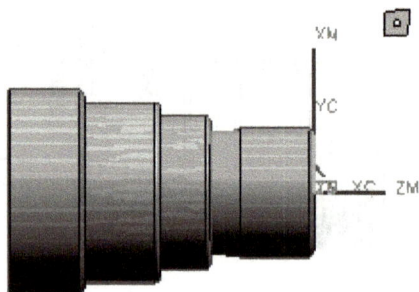

图 7-2-33

【GROOVE_OD】操作类型，其他参数选项设置如图 7-2-34 所示。单击【确定】按钮，打开图 7-2-35 所示的【槽 OD】对话框。

图 7-2-34

图 7-2-35

1）在【槽 OD】对话框中，单击【几何体】选项组中的【切削区域】后的【编辑】按钮，打开图 7-2-36 所示的【切削区域】对话框。

①在【切削区域】对话框中，在【轴向修剪平面 1】选项组中的【限制选项】下拉列表框中选择【点】选项，单击【点构造器】按钮，打开【点】对话框，选择车削横截面上的节点 1，如图 7-2-37 所示。单击【确定】按钮，返回【切削区域】对话框。

② 在【切削区域】对话框中，在【轴向修剪平面2】选项组中的【限制选项】下拉列表框中选择【点】选项，单击【点构造器】按钮，打开【点】对话框，选择车削横截面上的节点2，如图7-2-37所示。单击【确定】按钮，返回【切削区域】对话框。

单击【确定】按钮，返回【槽OD】对话框。

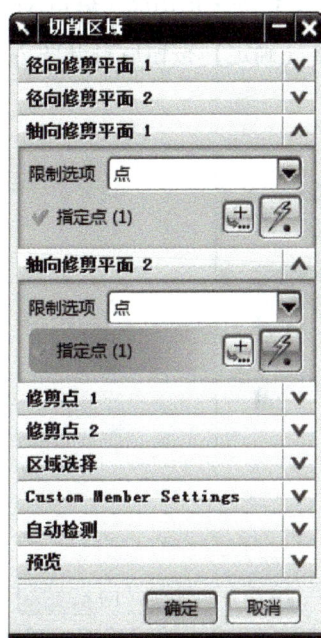

图 7-2-36

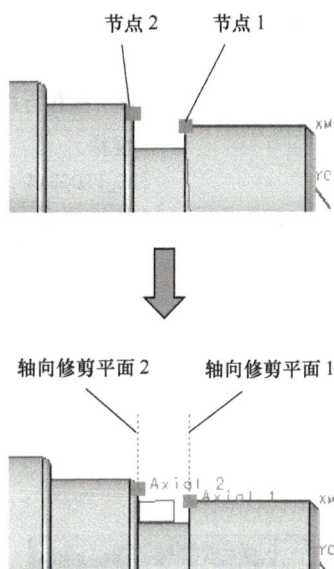

图 7-2-37

2）在【槽OD】对话框中，在【切削策略】选项组的【策略】下拉列表框中选择【单向插削】选项。

3）在【槽OD】对话框中的【操作】选项组中，单击【生成】按钮，生成图7-2-38所示的刀具轨迹。

4）单击【操作】选项组中的【确认】按钮，对生成的刀轨进行可视化验证，结果如图7-2-39所示。

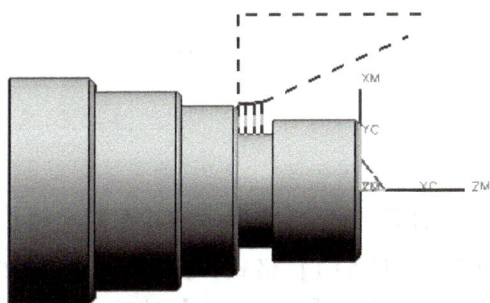

图 7-2-38

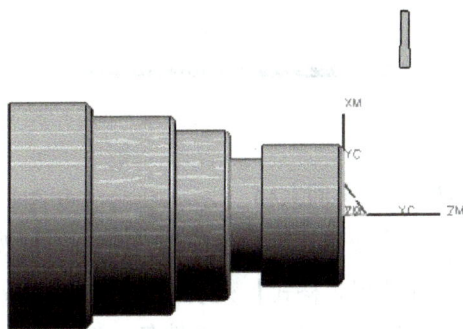

图 7-2-39

10. 后处理

单击导航器工具条中的【程序顺序视图】按钮 ![按钮], 将操作导航器切换至图 7-2-40 所示程序顺序视图。在程序顺序视图中单击选中【PROGRAM】, 然后单击【操作】工具条中的【后处理】按钮 ![按钮], 打开图 7-2-41 所示的【后处理】对话框。在【后处理器】列表框中选择【LATHE_2_AXIS_TOOL_TIP】类型处理器。在【文件名】文本框内输入输出 NC 程序的文件名, 勾选【设置】选项组下的【列出输出】选项, 单击【确定】按钮后打开图 7-2-42 所示的【信息】窗口。

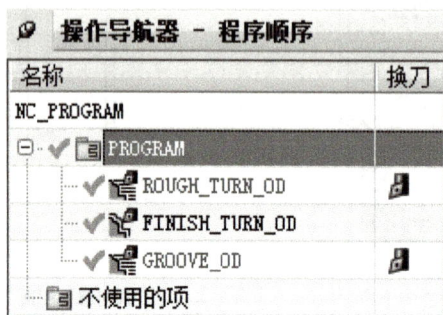

图 7-2-40

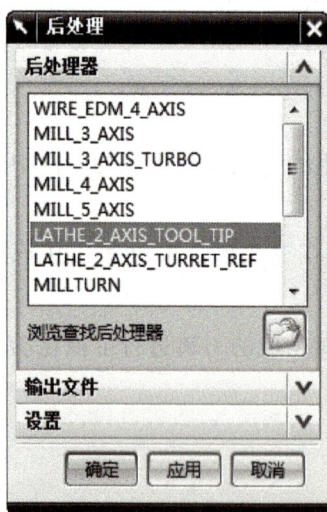

图 7-2-41

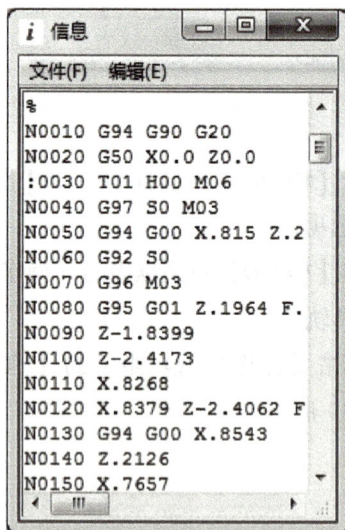

图 7-2-42

11. 生成车间文档

单击【操作】工具条中的【后处理】按钮 ![按钮], 打开图 7-2-43 所示的【车间文档】对话框。在【报告格式】列表框中选择【Operation List (TEXT)】格式, 在【文件名】文本框内输入输出车间文档的文件名, 勾选【设置】选项组下的【显示输出】选项, 单击【确定】按钮后打开图 7-2-44 所示的【信息】窗口。

图 7-2-43

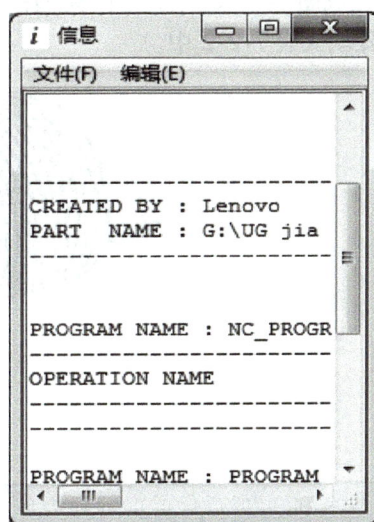

图 7-2-44

🔆 练一练

（1）完成图7-2-45所示零件模型的切削加工，源文件位置为X:/7 turning/7-2-2. prt，将操作步骤填入表7-2-1中。

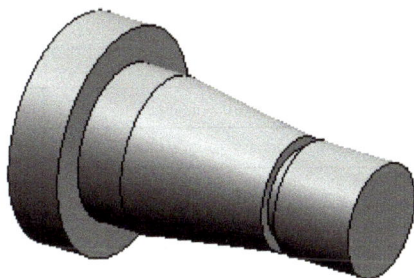

图 7-2-45

表 7-2-1

操 作 名 称	操 作 步 骤	备 注

（2）完成图 7-2-46 所示零件模型的切削加工，源文件位置为 X:/7 turning/7-2-3. prt，将操作步骤填入表 7-2-2 中。

图 7-2-46

表 7-2-2

操 作 名 称	操 作 步 骤	备 注

（3）完成图 7-2-47 所示零件模型的切削加工，源文件位置为 X:/7 turning/7-2-4. prt，将操作步骤填入表 7-2-3 中。

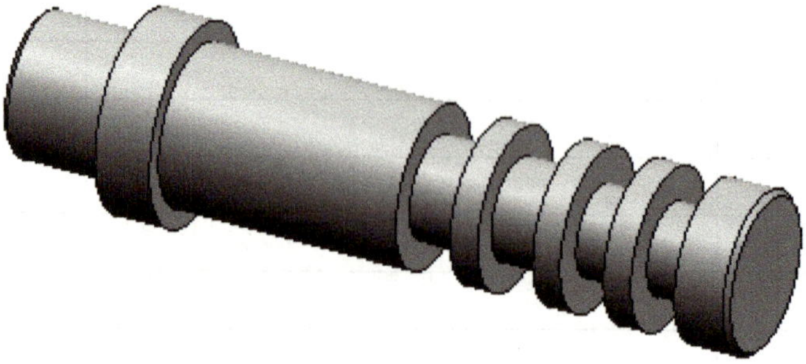

图 7-2-47

表 7-2-3

操作名称	操作步骤	备 注

注意事项

1. 车削加工使用的刀具与铣削加工使用的刀具有所不同，在设置参数时需要与实际使用的刀具吻合，否则后置处理生成的程序会有偏差，容易造成加工事故。

2. 车削加工横截面如果使用系统自动生成的横截面，多数会与加工工艺不符，所以一般需要用户进行修改或选择性创建，从而使软件工艺基准和实际加工基准或设计基准相吻合，以满足加工要求。

参 考 文 献

[1] 云杰漫步多媒体科技 CAX 教研室. UG NX 6.0 中文版数控加工 [M]. 北京：清华大学出版社，2009.

[2] 陈学翔. UG NX 6.0 数控加工经典案例解析 [M]. 北京：清华大学出版社，2009.

[3] 刘江. UG NX 6.0 多轴数控加工实例详解 [M]. 北京：电子工业出版社，2010.

[4] 吴明友. UG NX 6.0 中文版数控编程（中级）[M]. 北京：化学工业出版社，2010.